中华烹饪古籍经典藏书

吕氏春秋

（本味篇）

［先秦］ 吕不韦　撰

中国商业出版社

图书在版编目（CIP）数据

吕氏春秋：本味篇 /（秦）吕不韦撰 . -- 北京：
中国商业出版社，2022.10
ISBN 978-7-5208-2227-5

Ⅰ . ①吕… Ⅱ . ①吕… Ⅲ . ①烹饪—中国—春秋时代
Ⅳ . ① TS972.1

中国版本图书馆 CIP 数据核字（2022）第 171611 号

责任编辑：郑　静

中国商业出版社出版发行

（www.zgsycb.com 100053 北京广安门内报国寺 1 号）

总编室：010-63180647　编辑室：010-83118925

发行部：010-83120835/8286

新华书店经销

唐山嘉德印刷有限公司印刷

*

710 毫米 ×1000 毫米　16 开　7 印张　60 千字

2022 年 10 月第 1 版　2022 年 10 月第 1 次印刷

定价：49.00 元

＊＊＊＊

（如有印装质量问题可更换）

中华烹饪古籍经典藏书
指导委员会
（排名不分先后）

名誉主任

杨　柳　魏稳虎

主　任

张新壮

副主任

吴　颖　周晓燕　邱庞同　杨铭铎　许菊云

高炳义　孙晓春　卢永良　赵　珩

委　员

姚伟钧　杜　莉　王义均　艾广富　周继祥

赵仁良　王志强　焦明耀　屈　浩　张立华

二　毛

委 员

《吕氏春秋（本味篇）》
工作团队

统　筹

刘万庆

疏　证

王利器

整　理

王贞珉

译　注

邱庞同　刘　晨　张可心

审　校

王利器　刘　晨

中国烹饪古籍丛刊
出版说明

国务院一九八一年十二月十日发出的《关于恢复古籍整理出版规划小组的通知》中指出：古籍整理出版工作"对中华民族文化的继承和发扬，对青年进行传统文化教育，有极大的重要性"。根据这一精神，我们着手整理出版这部丛刊。

我国的烹饪技术，是一份至为珍贵的文化遗产。历代古籍中有大量饮食烹饪方面的著述，春秋战国以来，有名的食单、食谱、食经、食疗经方、饮食史录、饮食掌故等著述不下百种，散见于各种丛书、类书及名家诗文集的材料，更是不胜枚举。为此，发掘、整理、取其精华，运用现代科学加以总结提高，使之更好地为人民生活服务，是很有意义的。

为了方便读者阅读，我们对原书加了一些注释，并把部分文言文译成现代汉语。这些古籍难免杂有不符合现代科学的东西，但是为尽量保持其原貌原意，译注时基本上未加改动；有的地方作了必要的说明。希望读者本着"取其精华，去其糟粕"的精神用以参考。

编者水平有限，错误之处，请读者随时指正，以便修订和完善。

中国商业出版社

1982 年 3 月

出 版 说 明

20世纪80年代初，我社根据国务院《关于恢复古籍整理出版规划小组的通知》精神，组织了当时全国优秀的专家学者，整理出版了"中国烹饪古籍丛刊"。这一丛刊出版工作陆续进行了12年，先后整理、出版了36册。这一丛刊的出版发行奠定了我社中华烹饪古籍出版工作的基础，为烹饪古籍出版解决了工作思路、选题范围、内容标准等一系列根本问题。但是囿于当时条件所限，从纸张、版式、体例上都有很大的改善余地。

党的十九大明确提出："深入挖掘中华优秀传统文化蕴含的思想观念、人文精神、道德规范，结合时代要求继承创新，让中华文化展现出永久魅力和时代风采。"做好古籍出版工作，把我国宝贵的文化遗产保护好、传承好、发展好，对赓续中华文脉、弘扬民族精神、增强国家文化软实力、建设社会主义文化强国具有重要意义。中华烹饪文化作为中华优秀传统文化的重要组成部分必须大力加以弘扬和发展。我社作为文化的传播者，坚决响应党和国家的号召，以传播中华烹饪传统文化为己任，高举起文化自信的大旗。因此，我社经过慎重研究，重新系统、全面地梳理中华烹饪古籍，将已经发现的 150 余种烹饪古籍分 40 册予以出版，即这套全新的"中华烹饪古籍经典藏书"。

此套丛书在前版基础上有所创新，版式设计、编排体例更便于各类读者阅读使用，除根据前版重新完善了标点、注释之外，补齐了白话翻译。对古籍中与烹饪文化关系不十分紧密或可作为另一专业研究的内容，例如制酒、饮茶、药方等进行了调整。由于年代久远，古籍中难免有一些不符合现代饮食科学的内容和包含有现行法律法规所保护的禁止食用的动植物等食材，为最大限度地保持古籍原貌，我们未做改动，希望读者在阅读过程中能够"取其精华、去其糟粕"，加以辨别、区分。

我国的烹饪技术，是一份至为珍贵的文化遗产。历代古籍中留下大量有关饮食、烹饪方面的著述，春秋战国以来，有名的食单、食谱、食经、食疗经方、饮食史录、饮食掌故等著述屡不绝书，散见于诗文之中的材料更是不胜枚举。由于编者水平所限，书中难免有错讹之处，欢迎大家批评指正，以便我们在今后的出版工作中加以修订和完善。

中国商业出版社

2022 年 8 月

本书简介

　　《吕氏春秋》，又称《吕览》，是在秦国丞相吕不韦的主持下，集合门客们编纂的一部黄老道家名著，成书于秦始皇统一中国前夕。此书以儒家学说为主干，以道家理论为基础，以名家、法家、墨家、农家、兵家、阴阳家思想学说为素材，融诸子百家学说于一炉，闪烁着博大精深的智慧之光。吕不韦想以此作为大秦统一后的意识形态。但后来执政的秦始皇却选择了法家思想，使包括道家在内的诸子百家全部受挫。《吕氏春秋》集先秦道家之大成，是战国末期杂家的代表作，全书共二十六卷，一百六十篇，二十余万字 。

　　《吕氏春秋》是中国历史上第一部有组织按计划编写的文集，上应天时，中察人情，下观地利，以道家思想为基调，坚持无为而治的行为准则，用儒家伦理定位价值尺度，吸收墨家的公正观念、名家的思辨逻辑、法家的治国技巧，加上兵家的权谋变化和农家的地利追求，形成了一套完整的国家治理学说。

　　《本味篇》选自《吕氏春秋》第十四卷，文中记载了伊尹以至味说汤的故事。鲁迅认为这是中国现存最早的一篇小说。不仅如此，本篇还保存了世界上最古老的烹饪理论，提出了一份范围很广的食单，记述了商汤时期的天下之美食。它所提出的烹调理论，所列举的各地名产是有一定依据的，它部分地反映了当时的社会生活，对了解我国烹饪发展的历史有一定帮助。

　　本书由《吕氏春秋（本味篇）》的《译注》和《比义》合编而成。

中国商业出版社

2022年6月

目　录

译 注

邱庞同
刘　晨　译注
张可心

王利器
　　　审校
刘　晨

本 味①

二曰②：求之其本③，经旬必得；求之其末④，劳而无功。功名之立，由事之本也，得贤之化也⑤。非贤其⑥孰⑦知乎事化？故曰其本在得贤。

有侁氏⑧女子采桑，得婴儿于空桑⑨之中，献之其君。其君令烰人⑩养之。察其所以然，曰："其母居伊水⑪之上，孕。"梦有神告之曰："臼⑫出水而东走，毋顾⑬！"明日，

---

① 本味：想要得到美味必求其根本的意思。这篇是借滋味来说作为君王的治国方法。

② 二曰：第二篇文章说。《吕氏春秋》中的《八览》第二览为《孝行览》。而《孝行览》这一部分又有八篇文章，《本味篇》为第二篇，所以文章的开头用"二曰"的字样。这是全书的统一格式。

③ 求之其本：从根本上来探求某一事物。本，事物的根源或根基。

④ 求之其末：从细枝末节上来探求某一事物。末，非根本的，不重要的东西。

⑤ 得贤之化也：得到贤人，并与他共同治理国家的结果。化，这里有改变人心、风俗之意。

⑥ 其：这里表示委婉推断的语气词。

⑦ 孰（shú）：谁。

⑧ 有侁（shēn）氏：有侁国的国君。有侁，商朝的诸侯国，亦称"有辛""有莘（shēn）""有姺"。

⑨ 空桑：桑林之中。

⑩ 烰（páo）人：庖人，即厨师。烰，通"庖"。

⑪ 伊水：伊河，为洛河的支流，在河南西部。

⑫ 臼：春米的器具，多用石头制成。

⑬ 顾：回头看。

视曰出水，告其邻，东走十里，而顾其邑①尽为水，身因化为空桑②，故命之曰伊尹。此伊尹生空桑之故也。

长而贤③。汤闻伊尹④，使人请之有侁氏⑤。有侁氏不可。伊尹亦欲归汤。汤于是请取⑥妇为婚。有侁氏喜，以伊尹为媵⑦送女。

故贤主之求⑧有道之士，无不以⑨也；有道之士求贤主，无不行也⑩；相得然后乐⑪。不谋而亲，不约而信，相为殚⑫智竭力，犯危行苦⑬，志欢乐之⑭。此功名所以大成

① 邑（yì）：原指城市或县等。这里指伊尹之母的家乡。

② 身因化为空桑：伊尹之母的身子因此化作了桑林。实际是指其因分娩时难产，死在空桑之地。

③ 长而贤：伊尹长大了而且很贤惠。

④ 汤闻伊尹：商汤听到了伊尹的名声。汤，又称武汤、武王、天乙、成汤等，为商朝的建立者。原为商族的领袖，后与有侁氏通婚，任用伊尹执政，积蓄力量，多次出征，最后一举灭夏，建立商朝。

⑤ 使人请之有侁氏：派人向有侁氏请求得到伊尹。之，代伊尹。

⑥ 取：通"娶"。

⑦ 媵（yìng）：随嫁的人。

⑧ 求：访求之意。

⑨ 以：用。

⑩ 无不行也：是无所不做的。这里指伊尹为了求得贤主汤的任用，即使当随嫁的人也行。

⑪ 相得然后乐：贤主得到了贤臣，贤臣得到了贤主，双方都很快乐。

⑫ 殚（dān）：尽，竭尽之意。

⑬ 犯危行苦：克服困难，勤奋治国。

⑭ 志欢乐之：（贤主、贤臣）对双方相互信任、很协调地治国这一点在心情上是感到很快乐的。志，这里有情志之意。

也。固不独①。

士有孤而自恃②，人主有奋而好独者③，则名号必废熄，社稷④必危殆。故黄帝立四面⑤，尧、舜得伯阳、续耳然后成⑥。

【译】第二篇文章说：从根本上来探求某一事物，经过十天，肯定就能有所得。如果仅仅在细枝末节上探求，虽然花费很多时间，但也只能是劳而无功。（君主）功名的建立，是由于办事务本，得到贤人并与他共同治理国家的结果。倘若不是贤人，他怎么能够知道治理天下的事呢？所以说，（治国的）根本在于求得贤人。

有侁氏的女子采桑叶，在桑林中得到一个婴儿，便将婴儿献给她的国君。国君命令庖人抚养婴儿。（国君）调查婴

① 固不独：只靠一方面（贤主或贤臣）的力量（成就功名），是肯定不行的。固，必之意。

② 士有孤而自恃（shì）：士人有孤高而自恃的。自恃，自负之意。

③ 人主有奋而好独者：君主当中有喜欢自矜（jīn）而孤独的。奋，这里为自尊自大，自夸之意。独，亦含独断专行之意。

④ 社稷（jì）：古代帝王、诸侯所祭的土神和谷神。旧时用作国家的代称。社，古指土地神。稷，古指五谷之神。

⑤ 黄帝立四面：黄帝派人四处求贤，立之为辅佐。黄帝，传说是中原各族的共同祖先。姬姓，号轩辕氏，有熊氏，少典之子。

⑥ 尧、舜（shùn）得伯阳、续耳然后成：尧、舜得到伯阳、续耳这些贤人加以任用，然后得到成功。尧，上古帝王名。舜，亦上古帝王名。传说舜是尧选拔出的继承人。尧死后，舜便正式即位。伯阳、续耳为舜七友中的两人，都是贤德的人。

儿是如何生在桑林中的，女子回答说："婴儿的母亲居住在伊水的上游，怀孕了。"梦见神告诉她说："如果你看见石臼中冒出水来，就往东方跑，不要回头看。"第二天，她看见石臼中冒水，便告诉邻居，就向东跑了十里。等到回头看她的家乡时，都变成一片汪洋了。她在桑林中分娩之后，也就死在那里了。因之，婴儿被命名为伊尹。这就是伊尹出生在桑林中的故事啊。

伊尹长大后很有才能。商汤听到了伊尹的名声，派人向有侁氏去要他。有侁氏不同意。（但是）伊尹本人也想投奔商汤。商汤于是向有侁氏求婚，有侁氏很高兴，便派伊尹做随嫁的媵臣，送女儿到商汤那里。

所以说，贤明的君主访求有德行、才智的人，在方法上是无所不用的。而有德行、才智的人为了求得贤主的任用，只要有机会，总是不会放弃的。贤主得到了贤臣，贤臣碰上了贤主，双方都是很愉快的。他们无须相互商量而处得很亲密，不必相互要约而彼此都信任。共同竭尽智慧和力量，克服困难，勤奋治国，他们对此在心情上是很愉快的。这就是功名得到很大成就的原因啊。只靠一方面的力量来成就功名，那是肯定不行的。

士人有以孤高而自恃的，君主有喜欢自矜而独断专行的。这样就势必使国君名号消失，国家必然处于岌岌可危的状态。所以黄帝派人四面八方去求贤人，立之为辅佐。尧、舜得到伯阳、续耳这些贤人加以任用，然后得到成功。

凡贤人之德，有以知之也^①。伯牙^②鼓琴，钟子期^③听之，方^④鼓琴而志在太山^⑤，钟子期曰："善哉乎鼓琴，巍巍乎若太山！"少选之间^⑥，而志在流水^⑦。钟子期又曰："善哉乎鼓琴，汤汤乎若流水！"钟子期死，伯牙破琴绝弦，终身不复鼓琴，以为世无足复为鼓琴者^⑧。

非独琴若此也，贤者亦然。虽有贤者，而无礼以接之，贤奚由尽忠^⑨？犹御之不善，骥不自千里也^⑩。

① 有以知之也：是有方法来知道它的。之，代"贤人之德"。

② 伯牙：古代传说中的人物，相传生于春秋时代，善弹琴。传说他作了《水仙操》《高山流水》等名琴曲。

③ 钟子期：传说中春秋时代的人，为伯牙的"知音"。

④ 方：正当……的时候。

⑤ 太山：泰山。

⑥ 少选之间：须臾之间，即过了很短的时间。

⑦ 而志在流水：又弹起了志在流水的曲调。

⑧ 以为世无足复为鼓琴者：认为世上再没有值得为之弹琴的人了。

⑨ 贤奚（xī）由尽忠：贤者何必来尽忠呢？奚，疑问词，何之意。

⑩ 犹御（yù）之不善，骥（jì）不自千里也：如同御手驾马的方式不好，良马是不会主动日行千里的。犹，犹如。御，御手，驾驭车马的人。骥，好马。这句话的含义是：好马之所以不行千里，是因为要等伯乐来，贤者之所以不尽忠是因为没有碰到贤主。

汤得伊尹，祓之于庙^①，爝以爟火^②，衅以牺豭^③。明日设朝而见之，说汤以至味^④。汤曰："可对而为乎^⑤？"对曰："君之国小，不足以具之；为天子然后可具。夫^⑥三群^⑦之虫^⑧，水居者腥，肉玃^⑨者臊，草食者膻。臭恶犹美，皆有所以^⑩。凡味之本，水最为始。五味^⑪三材^⑫，九沸九变^⑬，

① 祓之于庙：在宗庙里为他举行除灾祛邪的仪式。祓，古代一种除灾求福的祭祀。庙，宗庙，帝王或诸侯祭祀祖宗的地方。

② 爝（jué）以爟（guàn）火：在桔皋之上烧起了被除不祥的火。爝，古代称烧苇把以祓除不祥。爟火，古代所说的祓除不祥的火。烧这种火，得将燃烧物放在"桔皋"（又名"桔槔"，一种"呆杆"，原始的提井水的工具。用一横木支在木柱上，一端用绳挂一水桶，另一端系重物，使两端上下运动以汲取井水）之上，吊得高高的，加以照明。

③ 衅（xìn）以牺豭（jiā）：在伊尹身上涂上了公猪的血。衅，古代新制器物成，杀牲以祭，因以其血涂缝隙之称。引申为涂色。牺豭，纯色公猪。牺，古代宗庙祭祀用的纯色牲。豭，公猪。

④ 说（shuì）汤以至味：伊尹就用谈论美味的方法来劝汤听从自己的治国主张。说，用话劝说别人，使他听从自己的意见。以，用。至味，最佳的美味。

⑤ 可对而为乎：可以照你说的做吗？对，古人认为"得"之误，则原文应作"可得而为乎"。

⑥ 夫：发语词。

⑦ 三群：三类。

⑧ 虫：动物。

⑨ 玃（jué）：扑取之意。指虎、豹、鹰、雕之类。

⑩ 臭（xiù）恶犹美，皆有所以：气味很坏（指腥、臊、膻味），但还是能够做出美味来，都是各有所用的。臭，气味。

⑪ 五味：指酸、甜、苦、辣、咸。

⑫ 三材：指水、木、火。

⑬ 九沸九变：（鼎中）多次沸腾，多次变化。九，表多数。

火为之纪①。时疾时徐，灭腥去臊除膻，必以其胜②，无失其理。调和之事，必以甘、酸、苦、辛、咸。先后多少，其齐③甚微，皆有自起。鼎④中之变，精妙微纤，口弗⑤能言，志⑥弗能喻⑦。若射御之微，阴阳之化⑧，四时之数⑨。故久而不弊，熟而不烂，甘而不哝⑩，酸而不酷⑪，咸而不减⑫，辛而不烈⑬，澹而不薄⑭，肥而不朕⑮。"

【译】 大凡贤人的德行，是有方法来知道它的。（比如）伯牙弹琴，钟子期听赏。伯牙弹到志在高山的曲调时，

---

① 火为之纪：依靠火来调节控制。纪，调节。

② 必以其胜：关键靠火候取胜。必，必定。其，代火。

③ 齐：同"剂"。这里有将调料按一定的比例搭配使用之意。

④ 鼎：古代煮东西用的器物，一般为三足两耳。

⑤ 弗：不。

⑥ 志：心中所想，猜测。

⑦ 喻：晓，明白。

⑧ 阴阳之化：阴阳二气的变化。古人认为世间万物皆是由阴阳二气化出来的。

⑨ 四时之数：四季的变换。指春生夏长，秋收冬藏的变化。

⑩ 甘而不哝（nóng）：甜而不过头。哝，这里指甜得过分。

⑪ 酸而不酷：酸而不太强烈。酷，酒味厚或香气郁烈之意。

⑫ 咸而不减：咸而不涩嘴。一说减为"咸"之误，有涩嘴之意。但《说文》解"减"为"损也"。

⑬ 辛而不烈：辛辣而不过度。

⑭ 澹而不薄：淡而不寡味。薄，淡薄的意思。

⑮ 肥而不朕：肥而不腻。朕，古人或以为作"腴"，或以为作"馕"。如作腴，"肥而不腴"即肥而不腻之意。如作"馕"，"肥而不馕"即肥而不能无味之意。

钟子期就说："弹得好极了！仿佛像巍峨的泰山一样。"须臾之间，伯牙又弹起了志在流水的曲调。钟子期又说："弹得真妙呀！如同那浩荡的流水一样。"钟子期死后，伯牙就将琴破坏，将弦割断，终身不再弹琴，认为世上再没有值得为他弹奏的人了。

不仅弹琴是这样，对待贤者也同样如此。虽然有贤者，但不是很礼貌地来接待他，贤者有什么必要来为你效忠呢？这就好似拙劣的御手驾马一样，良马是不会主动日行千里的。

商汤得到伊尹，在宗庙里为他举行了除灾驱邪的仪式，一面在桔橰上点起火炬，一面在他身上涂上公猪的血。第二天，商汤举行了朝见伊尹的仪式。伊尹就从美味说起，来引起商汤的兴趣。商汤问道："可以照你说的做吗？"伊尹回答说："你的国家小，条件暂时还不具备。等你当了天子，然后条件就具备了，有三类动物：生活在水里的气味腥，食肉的气味臊，吃草的气味膻。气味尽管很坏，但还是能够做出佳肴美味来，都是各有方法的。大凡味的根本，水是第一位的。依靠酸、甜、苦、辣、咸这五味和水、木、火这三材进行烹调，鼎中多次沸腾，多次变化，是依靠火来控制调节的。时而武火、时而文火。消减腥味、去掉臊味、除却膻味，关键在于掌握火候，转臭为香，务必不要违背用火的规律。调味这件事，一定要用甘、酸、苦、辛、咸，但放调料的先后次序和用量的多少，它的组合是很微妙的，都有各自的道理。鼎中的变化，精妙而细微，语言难以表达，心里有数也不容易说清楚。就好像射箭御马一样得心应手，如同阴阳二气配合一样的化成万物，又仿佛四季推移一样主宰宇宙，所以才使菜肴做到久而不败、熟而不烂、甜而不过头、酸而不强烈、咸而不涩嘴、辛而不刺激、淡而不寡味、肥而不腻口，这样才算达到了美味啊！"

肉之美者：猩猩之唇；獾獾之炙[1]；隽觾[2]之翠[3]；述荡[4]之掔[5]；旄[6]象之约[7]；流沙之西，丹山之南，有凤之丸，沃民所食[8]。

【译】肉类当中的佳品有：猩猩的嘴唇；獾獾鸟做的烤肉；隽燕尾部的肉；述荡腕部的肉；牦牛的尾巴和大象的鼻

---

① 獾（huān）獾之炙：獾獾鸟做的烤肉。古人认为獾獾应作"灌灌"或"濩（hù）濩"，否则就会和作为野兽的"貛（huān）貛"相混了。

② 隽（juān）觾（yàn）：燕的一种。觾，同"燕"。

③ 翠：鸟尾之肉。

④ 述荡：传说中两个头的野兽"趹踢"。

⑤ 掔（wàn）：古同"腕"。

⑥ 旄（máo）：本义是用牦牛尾装饰旗杆顶的旗子。

⑦ 约：指短尾。古代也有人认为"约"是指象鼻、象的白（油脂），或认为"约"指牦牛和大象的筋。

⑧ 流沙之西，丹山之南，有凤之丸，沃民所食：流沙的西面、丹山的南部，产有凤凰的卵，沃国的人即以此为食。"流沙""丹山"，均是传说中的地名。丸，同卵。沃民，传说中沃国的居民。

子；流沙的西面、丹山的南部，出产凤凰的卵，沃国人即以此为食。

鱼之美者：洞庭之鱄[1]；东海之鮞[2]；醴水之鱼，名曰朱鳖，六足，有珠百碧[3]；藋水[4]之鱼，名曰鳐，其状若鲤而有翼[5]，常从西海夜飞，游于东海[6]。

【译】鱼当中佳美的有：洞庭湖的鱄鱼；东海的鮞鱼；醴水出的一种鱼，名叫朱鳖，有六只脚，能吐出碧玉一样的珠子来；藋水出的一种鱼，名叫鳐，它的形状像鲤鱼，但是有翅膀，经常在夜间从西海飞到东海。

菜之美者：昆仑之蘋[7]，寿木之华[8]；指姑之东，中容之

---

[1] 鱄：一种淡水鱼。也有人认为是江猪。

[2] 鮞（ér）：一种海鱼。前人也有认为是鱼子的。

[3] 醴水之鱼，名曰朱鳖，六足，有珠百碧：醴水出的一种鱼，名叫朱鳖，有六只脚，能吐出碧玉一样的珠子来。醴水，澧水，在湖南省西北部，源出桑植县北，在澧县新洲入洞庭湖。有珠，吐珠。百碧，前人或认为作青碧，否则不可解。

[4] 藋水：传说中在"西极"的一条河。

[5] 翼：翅膀。

[6] 常从西海夜飞，游于东海：经常在夜间从西海飞到东海。这是一种传说，讲鳐是"乘云气而飞"的。

[7] 蘋：一说为一种草，状如葵，味为葱；一说是大菊，为一种水藻。

[8] 华：果实，传说人吃了以后不会死。一说华即花，寿木之华即不死树的花。

国，有赤木、玄木之叶焉^①；余瞀^②之南，南极之崖，有菜，其名曰嘉树，其色若碧^③。阳华^④之芸^⑤；云梦^⑥之芹；具区^⑦之菁^⑧；浸渊^⑨之草，名曰土英。

【译】蔬菜当中的佳品有：昆仑山的蘋草，寿树的果实，指姑山的东面，中容之国有赤木、玄木树上长的叶子；余瞀山的最南边的山崖上，有一种菜，它的名字叫嘉树，颜色是青色的。华阳山的芸菜；云梦湖的芹菜；太湖的菁菜；浸渊出的一种草，名叫土英。

和之美者：阳朴^⑩之姜；招摇^⑪之桂；越骆之菌^⑫；鳝鲔

---

① 指姑之东，中容之国，有赤木、玄木之叶焉：指姑山的东边，中容之国有赤木、玄木树上长的叶子。"指姑""中容"，均是传说中的山名、国名。传说"赤木""玄木"之叶，人吃了可以成仙。

② 余瞀（mào）：南方的山名。

③ 若碧：青色。

④ 阳华：华阳山。

⑤ 芸：一种香菜。

⑥ 云梦：湖名，在今湖北江陵到蕲（qí）春之间。

⑦ 具区：太湖。

⑧ 菁：韭花。

⑨ 浸渊：深渊，地点不详。

⑩ 阳朴：四川的地名。

⑪ 招摇：山名，在桂阳。

⑫ 菌：同"箘（jùn）"，即箘桂，和肉桂相近，可做调味品用。一说菌即竹笋。

之醢①；大夏②之盐；宰揭③之露④，其色如玉；长泽之卵⑤。

【译】调料当中的佳品有：四川阳朴出产的生姜；桂阳招摇山出产的桂皮；越骆国出产的菌桂；鳝鱼、鲔鱼肉做的酱；大夏出产的盐；宰揭出产的甘露，其颜色如玉一样洁白；长泽出产的大鸟的卵。

饭之美者：玄山之禾⑥；不周⑦之粟；阳山之穄⑧；南海之秬⑨。

【译】饭当中的佳品有：玄山出的谷子；不周山出的小米；阳山出的穄子；南海出的黑黍。

---

① 醢（hǎi）：肉酱。

② 大夏：一说山名；一说泽名；一说古国名，在西北。

③ 宰揭：山名。

④ 露：芳香的液体，可做饮料，亦可做调料。

⑤ 长泽之卵：长泽出产的大鸟的卵。长泽，西方的大泽。一说卵为鲲鱼子。

⑥ 禾：木禾，谷类。

⑦ 不周：不周山，在西北方。

⑧ 阳山之穄（jì）：阳山出产的不黏的黍子。阳山，昆仑山之南。穄，黍类当中不黏者。

⑨ 南海之秬（jù）：南海出的黑黍。南海，南方之海。秬，黑黍。

水之美者：三危①之露；昆仑之井②；沮江之丘，名曰摇水③。曰山之水④；高泉之山，其上有涌泉焉；冀州⑤之原。

【译】水当中的佳品有：三危山出的甘露；昆仑山上的泉水；沮江地区的摇水；白山的泉水；高泉山上面喷出的泉水；属冀州之本。

果之美者：沙棠之实⑥；常山⑦之北，投渊⑧之上，有百果焉，群帝所食；箕山⑨之东，青鸟⑩之所，有甘栌⑪焉；江浦⑫之桔；云梦之柚⑬；汉上石耳⑭。

① 三危：西极山名。

② 井：指泉水。

③ 摇水：瑶池。

④ 曰山之水：白山上的水。曰山，前人考为白山之误。

⑤ 冀州：古"九州"之一。约指今山西和陕西间黄河以东，河南和山西之间，黄河以北和山东西北，河北东南部地区。

⑥ 沙棠之实：沙棠的果子。沙棠，木名，和棠梨相仿。其果实色红，味如李，无核。

⑦ 常山：地名。

⑧ 投渊：地名。

⑨ 箕山：地名，在颍川阳城之西。

⑩ 青鸟：一说为地名，在昆仑山之东。

⑪ 甘栌：甜楂（zhā）。一说栌为橘类。栌，为楂之借字。楂果略酸。

⑫ 浦：江滨。

⑬ 柚：柚树的果实，亦名文旦，比橘大，多汁，味酸甜。

⑭ 石耳：菜名，类似地耳，属地衣类植物。

【译】水果当中的佳品有：沙棠的果子；常山的北面，投渊的上面，生长着百果，是过去一些帝王喜欢吃的；箕山的东面，青鸟所栖息的地方，生长着甜美的栌果；大江两岸生长的橘子；云梦出产的柚子；汉水上游出产的石耳菜。

所以致之，马之美者：青龙之匹、遗风之乘。非先为天子，不可得而具。天子不可强为，必先知①道②。道者，止彼在己，己成而天子成③，天子成则至味具。故审④近所以知远也，成己所以成人也；圣人之道要矣，岂越越多业哉？

【译】之所以能够达到目的，那就得有良马。马当中的优良品种，有叫青龙的、有叫遗风的。如果不是先成为天子，这些良马是不可能弄到手的。天子是不可强为的，首先必须知晓仁义之道。这仁义之道，不在他人，而在自己身上，自己具备了仁义之道，实质也就具备了当天子的条件。当了天子，那么世间的美味也就具备了。所以说，审近才能知远啊，成就自己的仁义之道，因而可以教化天下之人。圣王的仁义之道最重要的，难道还要亲自去做许许多多轻而易举的琐事吗？

① 知：知晓。

② 道：仁义之道。

③ 己成而天子成：自己成就了仁义之道，实际上也就成为天子了。这里是说当天子的条件已经成熟了。

④ 审：这里为思考、分析、推究之意。

比 义

王利器　疏证
王贞珉　整理
刘　晨　审校

序

黄震《黄氏日抄》卷五十六："《本味篇》载伊尹说汤以至味，备物产之美，皆傅会①之言，且曰'非为天子，不可得而具'，是汤为口腹②之故伐夏也。"

严可均《全上古三代文》："此疑小说家《伊尹说》之一篇，《孟子》：'万章问："人有言，伊尹以割烹③要汤。有诸？"'谓此篇也。"

朱一新《无邪堂答问》卷一："《逸周书·王会解》有伊尹朝献事，《吕氏春秋·本味篇》有尹说汤以至味事，《史记·殷本纪》有尹从汤言素王及九主事，其言驳杂④，类战国诸子所为，出于小说家之廿七篇也。"

刘咸炘《吕氏春秋发微》："承上务本义言务本在得贤，因言汤得伊尹；得贤必先知贤，因言伯牙、钟期⑤；又采伊尹说味，而终以备味必知道，道在己，以复务本之义，颇迂曲⑥。《七略》有《伊尹说》，此盖即其文。战国时人传尹以割烹要汤，故传此说。其说亦有喻意。"

---

① 傅会：同附会。把没有关系的事物说成有关系；把没有某种意义的事物说成有某种意义。

② 口腹：指饮食。

③ 割烹：割切烹调，泛指烹饪。

④ 驳杂：混杂不纯。

⑤ 钟期：钟子期。

⑥ 迂曲：迂回曲折。

【器案】

《说文·木部》引伊尹曰："果之美者，箕山之东，青凫之所，有栌橘焉，夏熟也。"又《禾部》引伊尹曰："饭之美者，玄山之禾，南海之秏①。"《文选·上林赋》郭璞注引应劭曰："《伊尹书》曰：'箕山之东，青鸟之所，有栌橘夏熟。'"《玉篇·口部》引伊尹曰："甘而不嚗②。"今并见《吕氏春秋·本味篇》。考《汉书·艺文志》小说家有《伊尹说》二十七篇，吕氏捃摭③群说以成书，《本味》一篇，当剟④自《伊尹说》，故汉、魏、六朝人之及见《伊尹说》者，犹标著其原目焉。

此篇不仅为现存最早之小说家言，亦积古相传最早之烹调史料也。《淮南子·氾论篇》高诱注："本，原也。"则"本味"云者，谓"原味"也。

王利器

1982年12月

---

① 秏（hào）：古书上说的一种稻类植物。

② 嚗（yuàn）：美味的意思。

③ 捃（jùn）摭（zhí）：摘取；搜集。

④ 剟（duō）：删削。

本味

二曰：求之其本，经旬必得；求之其末，劳而无功。

【比义】

高诱注："虽久无所得。"

【案】

此为《吕氏春秋》第十四卷《孝行览》第二之第二篇，故以"二曰"起文也。

功名之立，由事之本也，得贤之化也。

【比义】

得贤人与之共治，以立其功名，故曰得贤之化也。

【器案】

"由事之本"，言由行事之务本，以立其功名也。

非贤其孰知乎事化？故曰其本在得贤。

【比义】

毕沅《吕氏春秋新校正》："事化"，承上文之言，旧校云："'化'一作'民'。本又作'名'，皆讹。"

【器案】

"事化"，言以化为事也。

有侁氏女子采桑，

【比义】

"侁"读曰"莘"。

《艺文类聚》八八、《太平御览》六二、又三九四、又九五五、《事类赋》七、《押韵释疑·四十七证》、李善注《文选·辩命论》《帝范》引"侁"作"莘"。

蒋维乔等《吕氏春秋汇校》：

谨案："莘""侁"，皆"姺"之假借。

《楚辞·天问》作"有莘"，《说文》傛（yìng）下引《吕览》及《太平御览》三六〇引，复作"有侁"；则"侁""莘"相通。

《大雅·文王》："缵女维莘。"

《毛传》："莘，太姒国，《左传》商有姺、邳之缵。"

《说文·女部》："姺，殷诸侯。"则"姺"为正，"侁""莘"皆假借也。

【器案】

《通鉴外纪》二引或曰作"有莘"，《墨子·尚贤中》《史记·殷本纪》《水经·伊水注》亦作"有莘"。

《汉书·古今人表》及《外戚传》《列女传·母仪传》《广韵·十九臻》作"有㜪（xiǎn）"，《人表》注师古曰："'㜪'与'莘'同。"

《左传》昭公元年作"有姺"。

今案：从先从辛之字古通用，《小雅·皇皇者华》：
"駪（shēn）駪征夫。"

《玉篇·人部》《广韵·十九臻》《楚辞·招魂》王
注引作"侁侁"，《国语·晋语》四、《说文·焱部》引作
"莘莘"，俱其证。

又案：《水经·伊水注》"采桑"作"采于伊川"。

得婴儿于空桑之中，

【比义】

《太平御览》九五五、《路史·前纪》三引无"空"字。

【器案】

"空桑之中"，犹《诗经·鄘（yōng）风·桑中》之言
"桑中"也，《毛传》："桑中，所期之地。"

献之其君。其君令烰人养之。

【比义】

烰犹庖也。

《艺文类聚》八八、《太平御览》九五五引作"献之于
君，君命乳之"。

《文选·辩命论》李善注引不重"其君"二字。

《事类赋》注七引亦不重"其君"二字，"烰"作
"庖"。

马叙伦《读吕氏春秋记》："案：烰，《说文》曰：'蒸也'此借为庖。《说文》'捊'之重文作'抱'，是孚声包声相通之证。"

【器案】

马说是。孚、包声近古通，如"圝"或作"學"，"脬"或作"胞"，《左传》隐公八年之"浮来"，《公羊》《谷梁》作"包来"，刘向《孙卿书录》《汉书·楚元王交传》之"浮丘伯"，《盐铁论·毁学篇》作"包丘子"，俱其证。

察其所以然，

【比义】

察，省。

曰："其母居伊水之上，孕。"

【比义】

妊娠为孕。

【案】

《楚辞·天问》王逸注："伊尹母妊身。"

梦有神告之曰："臼出水而东走，毋顾！"

【比义】

《黄氏日抄》五六引"毋顾"作一"母"字，属下句读。

【案】

《开元占经》一一四引《地镜》："水忽出臼中，臣为咎，且将大水。"

明日，视臼出水，告其邻，东走十里，而顾其邑尽为水，

【比义】

《太平御览》九五五引无"十里"二字。《事类赋》注引"顾其邑"作"故邑"。

【案】

《论衡·吉验篇》："伊尹且生之时，其母梦人谓己曰：'臼出水，疾东走，毋顾！'明旦，视臼出水，即东走十里：顾其乡，皆为水矣。"

身因化为空桑，

【比义】

伊母化作空桑。

《太平御览》九五五引无"空"字；又六二引注"作"作"为"。

【案】

《锦绣万花谷》前十引《尚书大传》："伊尹母方孕行汲，化为枯桑，其夫寻至水滨，见桑穴中有儿，乃收养之。"

《楚辞·天问》王逸注："伊尹母妊身，梦神女告之曰：'臼灶生蛙，亟去无顾！'居无几何，臼灶中生蛙，母去东走，顾视其邑，尽为大水，母因溺死，化为空桑之木；水干之后，有小儿啼水涯，人取养之，长大有殊才。有莘恶伊尹从木中出，因以送女也。"此二说俱不谓空桑为地名，而以为桑木。

梁玉绳《吕子校补》注："盖母生尹即卒也。"

《天问》注同此说，谓伊母化桑，妄矣。

范耕研《吕氏春秋补》注："案：梁说是也。'化'读为'恒化'之'化'，'为'犹'于'也，'身因化为空桑'者，言身因殁（mò）于空桑之地也。"

【器案】

梁、范说是。

《诗经·大雅·大明》："大任有身。"

《毛传》："身，重也。"

《郑笺》："重谓怀孕也。"

《释文》："《广雅》云：'重，有娠也。'"

《正义》："以身中复有一身，故言重。"

《淮南子·精神篇》高诱注："化犹死也。"

《经传释词》："为犹于也。"此言伊尹母分娩时难产，因而死于空桑之地。

故命之曰伊尹。

【比义】

《黄氏日抄》引"伊尹"作"空桑"，曰："愚意空桑，地名，好事者因为之说耳。此书《第五纪》云：'颛（zhuān）顼（xū）生自若水，实处空桑。'则前乎伊尹之未生，已有空桑之地矣，何一书而自相背驰耶？"

《路史前纪》三："空桑氏以地纪。空桑者，兖（yǎn）卤也，其地广绝，高阳氏所尝居，皇甫谧（mì）所谓广桑之野者。或云穷桑，非也，穷桑在西小颢（hào）之君，若乃伊尹之生，共工氏之所灌，则陈留矣。"

原注："伊尹产空桑，在陈留，非鲁地，吕不韦等谓'伊尹之母，化为空桑，尹生其中'，大妄。"

又云："空桑在东，穷桑在西，《归藏·启筮》云：'空桑之苍苍，八极之既张，乃有羲和，是主日月，职出入以为晦明。'盖指隅夷之地，故记孔子生于空桑，《春秋演孔图》云：'徵在游于大冢之陂，梦黑帝谓己："汝产必于空桑。"'而于宝所记，徵在生子空桑之地，今名孔窦，在鲁南山之穴，故《孔庙礼器碑》云：'颜育空桑。'空桑鲁北，孔子鲁人，故说者指云空桑，概而言之，鲁南山穴之说，正自戾矣。乃若共工氏之振滔鸿水，以薄空桑，则为莘、陕之间，伊尹莘人，故《吕氏春秋》《古史考》等，俱言尹产空桑。空桑故城，在今陈留，固非鲁也。故地记言空桑，南杞而北陈留，各三十里有伊尹村，而所谓穷桑，则非此矣。《拾遗记》言：'穷桑者，西海之滨也，地有孤桑千寻。'盖在西垂少昊之居，梁雝（yōng）之域，故《周书·尝麦》云：'帝命蚩（chī）尤，宇于小颢。'而《远游》章句：'西皇所居，西海之津。'西皇者，少昊之称，而小颢者，少昊之正字也，颛顼继少昊者，故《世纪》颛顼亦自穷桑迁商丘，事可知矣。而杜预遽以穷桑为在鲁北，至《释例》地名乃云'地阙'。故颖达云：'言鲁北者，相传言尔'，盖以定四年传'封伯禽于少昊之虚'逆之，而乐史之所记，乃在曲阜，此又因预而妄之也。太昊在东，少昊在西，予既言之，《拾遗记》《远游》，穷桑既在西极，则鲁曲阜之说，得非太昊之虚乎？少昊自穷桑登帝位，非空桑也。"

胡侍《真珠船》六："《吕氏春秋》：'有侁氏女子采桑'云云。余谓邑人既尽没于巨浸，尹母又已化为枯株，采桑之女，偶得遗婴于无人之境，乃其曩（nǎng）故，谁复得而传之？怪诞非道，所宜刊削。至悬千金，人不能增损一字，高诱谓惮相国之势而然，是也。"

刘坚《修洁斋闲笔》一："考《楚词》有曰：'踰（yú）空桑兮从女。'注：'空桑，山名。此山在冀北，或云在陈留。'伊尹必生于其地也，如刘备生于楼桑之类。"

毕沅曰："以其生于伊水，故名之伊尹，非有讹也。而黄氏东发所见本作'故命之曰空桑'，以为地名，且为之辨曰云云。卢云：'案黄氏所据本，非也，同一因地命名，不若伊尹之确，张湛注《列子·天瑞篇》（原误作"黄帝篇"，今从许维遹（yù）校改）伊尹生于空桑，引传记与今本同，尤为明证。'"

梁玉绳曰："空桑，地名，《寰宇记》：'空桑城在开封府雍丘县西二十里。'盖伊母生伊即卒也。《楚辞·天问》：'水滨之木，得彼小子。'王逸注同此说。谓伊母化为空桑，妄矣。"又曰："《归藏易》云：'空桑之苍苍，八极之既张。'可证其为地名。《古乐篇》：'颛顼处空桑。'则其地古矣。"

【器案】

《水经·伊水注》："殷以为尹，曰伊尹也。"《史记·殷本纪·索隐》："尹，正也，谓汤使之正天下。"

此伊尹生空桑之故也。

【比义】

旧校云："'生'一作'出'。"

长而贤。汤闻伊尹，使人请之有侁氏。有侁氏不可。伊尹亦欲归汤。汤于是请取妇为婚。

【比义】

旧校云："'妇'一作'妻'"。

《毕本》脱。

《太平御览》四〇二引作"汤于是请取妻于有侁氏"。

《通鉴外纪》二引或曰作"汤婚于有莘氏"。

有侁氏喜，以伊尹为媵送女。

【比义】

《毕校》本"以伊尹为媵送女"句改作"以伊尹媵女"，云："段云：'《说文》伴字下引吕不韦曰："有侁氏以伊尹伴女。"伴，送也。则"为送"二字明是后人所增入，媵已是送，无烦重累言之。'今删正。"

孙人和《吕氏春秋举正》"此文可疑，使无'送'字，义已明顺，后人不得再加'送'字矣。疑此文作'有侁氏喜，以伊尹媵女'，'媵'下本有'媵送'二字注，'送'字混入正文，自当删去注文'媵'字，又于'伊尹'下加'为'字，以'媵'字为读，'送女'为句，其实不相合也。毕、段所校，实吕氏之旧，恐非高氏之旧矣"。

《汇校》："谨案：《毕校》引段玉裁说，据《说文》引，以'为''送'为衍文，云：'媵已是送，无烦重累言之。'是也。惟《太平御览》四〇二及四六七引，亦同今本，则其误宋已然矣。"

【器案】

《通鉴外纪》二引或曰，亦作"为媵送女"。

《太平御览》三九七引《帝王世纪》："汤思贤，梦见有人负鼎抗俎（zǔ），对己而笑，寤（wù）而占曰：'鼎为和味，俎者割截天下，岂有为吾宰者哉。'初，力牧之后曰伊挚，耕于有莘之野，汤闻以币聘，有莘之君留而不进。汤乃求婚于有莘之君，有莘之君遂嫁女于汤，以挚为媵臣，至亳（bó），乃负鼎抱俎见汤也。"

寻《史记·殷本纪》："阿衡欲干汤而无由，乃为有莘氏媵臣。"

《后汉书·文苑崔琦传》注引《列女传》："汤娶有莘氏女，德高而明，伊尹为之媵臣。"则吕氏所谓"为媵"者，即谓为媵臣也。

《诗经·小雅·我行其野》"求尔新特"《疏》："《释言》云：'媵，送也。'妾送嫡而行，故谓妾为媵。媵之名不专施妾，凡送女适人者，男女皆谓之媵。僖五年《左传》：'晋人灭虞，执其大夫井伯以媵秦穆姬。'史传称'伊尹有莘氏之媵臣'，是送女者，虽男亦名媵也。"

今案：《诗疏》之说，足以释毕、段、孙、蒋诸人之惑，《左传》襄公二十三年："齐侯使析归父媵之。"亦是以男臣为媵也。

故贤主之求有道之士，无不以也；

【比义】

以，用也。

毕沅曰："'以也'旧作'在以'，孙云：'《太平御览》四百二引作"无不以也"。又此下旧本有一"为"字，衍，并依《太平御览》删正。'"

【器案】

本书《求人篇》："先王之索贤人，无不以也。"高注："以，用也。"正文，注文，与此从同，更足为证，《毕校》本是，今从之。

有道之士求贤主，无不行也；

【比义】

为媵言必行。

李宝淦《吕氏春秋高注补正》："言虽为媵亦行，注未可通。"

相得然后乐。

【比义】

贤主得贤臣，贤臣得贤主，故曰相得然后乐也。

《元本》《李本》《许本》《姜本》《宋邦乂（yì）

本》《汪本》《朱本》《日刊本》注"也"作"之"。

【器案】

《文选·圣主得贤臣颂》："故圣主必待贤臣而弘功业，俊士亦俟明主以显其德，上下俱欲，欢然交欣，千载一会，论说无疑，翼乎如鸿毛遇顺风，沛乎若巨鱼纵大壑，其得意如此。"足为此句注脚。

不谋而亲，不约而信，相为殚智竭力，犯危行苦，

【比义】

殚，竭，皆尽也。危，难也。苦，勤也。

【器案】

《尸子》曰："不谋而亲，不约而成。"见《太平御览》七九及三六五引。

又案：《文选·琴赋序》："称其材干，则以危苦为上。"

又刘公干《赠从弟三首》："岂不常勤苦。"与此以"危""苦"对言，"苦""勤"互注，义正相比。

志欢乐之。此功名所以大成也。固不独。

【比义】

固，必也。

《刘本》"固"作"故"。

吴汝纶《吕氏春秋点勘》："此殆见疑于始皇，而追感子楚之事。"

《汇校》："谨案：'固''故'通借。"

【器案】

本书《任数篇》："其说固不行。"《战国策·秦策》："王固不行。"高诱注俱云："固，必也。"

士有孤而自恃，人主有奋而好独者，则名号必废熄，

【比义】

熄，灭也。

俞樾《吕氏春秋平议》："奋犹矜也，奋而好独者，矜而好独也。《荀子·子道篇》：'奋于言者华，奋于行者伐。'杨注曰：'奋，振矜也。'故古书每以'奋矜'连文，《荀子·正名篇》曰：'有兼听之明，而无奋矜之容。'《墨子·所染篇》曰：'其友皆好矜奋。'《淮南·说林篇》曰：'吕望使老者奋，项托使婴儿矜。'"

社稷必危殆。故黄帝立四面，尧、舜得伯阳、续耳然后成。

【比义】

黄帝使人四面出求贤人，得之立以为佐，故曰立四面也，伯阳、续耳皆贤人，尧用之以成功也。

毕沅曰："'续耳'、《尸子》《韩非子》作'续牙'，《汉书·人表》作'续身'，皆隶转失之。"

梁玉绳曰："古'牙'字或作'牙'作'白'故证为'身'字'耳'字。"

宋慈抱《吕氏春秋补正》："案：《御览》《书钞》并作'续耳'，见上《当染篇》补正，毕校谓'身''牙''耳'皆隶转失之，是也。《说文》牙作'牙'，耳作'白'，身作'身'，并形近易讹，《隶续》十五《成皋令任伯嗣碑》：'正身帅下。'身作'身'则蚀其上半，即成'牙'字矣。"

马叙伦曰："《太平御览》七九及三六五引《尸子》：'子贡曰："古者四面，信乎？"孔子曰："黄帝取合己者四人，使治四方，不谋而亲，不约而成，此之谓四面。"'《尸子》，高诱时未就亡，不知引，何也？"

【器案】

《书钞》十一、《太平御览》七九引《鹖（yù）子》："昔者，黄帝年十岁，知神农之非，而改其政，使四面，从五圣。"

《文馆词林》载魏文帝《伐吴诏》："昔轩辕建四面之号。"（又见《三国志·魏书·文帝丕传》黄初六年注引《魏路》）

又案：注"尧"下当脱"舜"字。

【珉案】

《太平御览》七九引《帝王世纪》，即本《尸子》为说。

《臣轨·同体章》，引《尸子》作"四目"，注云："言有贤臣为君视于四方。"则《尸子》又有作"四目"之本。

凡贤人之德，有以知之也。

【比义】

知其贤，乃得而用之。

旧校云："'之德'一作'道德'。"

《宋邦乂本》注"乃"作"人"。

陶鸿庆《读吕氏春秋札记》："'德'读为'得'，高注云云，即其义也。一本作'道德'，误。"

伯牙鼓琴，钟子期听之，方鼓琴而志在太山，

【比义】

《艺文类聚》四四"听"上有"善"字。

《后汉书·陈元传》注引作"伯牙善鼓琴，钟子期善听，相与为友"。

《文选·报任少卿书》李善注、《陈后山诗集·杜侍郎挽词》任渊注、《群书通要》引"志"作"意"，下同。

《初学记》十六引"太山"作"泰山"。

陶鸿庆曰："'太山'本作'大山'，'大山'与'流水'对文，乃泛言山之大者，非指东岳泰山也。《列子·汤问篇》作'志在登高山'，'高山'即'大山'也。《庄子·在宥（yòu）篇》：'故贤者伏处大山嵁（kān）岩之下。'《释文》云：'大山音泰，亦如字，皆其例也。'"

【器案】

《风俗通义·声音篇》作"意在高山"。《止观辅行传弘决》八之三云："钟期若闻伯牙抚山曲，曰：'巍巍乎焕然其高。'闻弹水曲，曰：'洋洋乎盈耳哉！'"皆以山水为泛指，此后人所以有"高山流水遇知音"之言也。陶说是。

钟子期曰："善哉乎鼓琴，巍巍乎若太山！"

【比义】

《艺文类聚》四四、《太平御览》五七九引"若"作"如"。

【珉案】

《列子·汤问篇》"巍巍"作"峨峨"。

少选之间，而志在流水。

【比义】

少选，须臾之间也。志在流水，进而不解也。

《文选·琴赋·洞箫赋》李善注引"少选之间"作"须臾"，又《报任少卿书》注引作"俄而"。

【器案】

《风俗通义》作"顷之间"，《说苑·尊贤篇》与此同。

【珉案】

《列子》《韩诗外传》九无此四字。

范耕研曰："注'不'字疑'求'字之误，'不'与'求'字形略相近，盖伯牙疑钟期说山或出偶合，故进以流水，求其解答，若蔡邕（yōng）之故断他弦以相试者。若作'不'字，便不可通。"

【器案】

范说不可从。"解"即"懈"字，"进而不解"，乃就琴心中之水德而言，犹《论语·子罕篇》孔子叹逝水之"不舍昼夜"，《孟子·离娄（下篇）》言观水之"盈科而后进，不舍昼夜"，此高注所本。

钟子期又曰："善哉乎鼓琴，汤汤乎若流水！"

【比义】

《艺文类聚》四四、《文选·洞箫赋》李善注、《群书通要》引"汤汤"作"洋洋"，《初学记》引作"荡荡"，《太平御览》五七九引作"茫茫"。

《汇校》曰："'汤汤''洋洋''荡荡''茫茫'音

义并通。"

【器案】

《韩诗外传》作"洋洋乎若江河"，《风俗通义》作"汤汤若江河"。

《管子·侈靡篇》："荡荡若流水。""汤汤"即"荡荡"也。

《太平御览》十引《傅子》："昔者，伯牙子游于泰山之阴，逢暴雨，止于岩下，援琴而鼓之，为淋雨之音，更造崩山之曲，每奏，钟期辄穷其趣，曰：'善哉，子之听也！'"当即一事而异辞耳。

钟子期死，伯牙破琴绝弦，

【比义】

《书钞》一〇九、《初学记》引作"伯牙绝弦破琴"。《艺文类聚》《太平御览》五七九、《群书通要》引"破"作"擗"。

《汇校》曰："'破''擗'双声义通。《西京赋》：'擘肌分理。'注：'破裂也。'"

【珉案】

《韩诗外传》作"擗"。

终身不复鼓琴，以为世无足复为鼓琴者。

【比义】

伯，姓；牙，名；或作"雅"。钟，氏；期，名；子皆通称；悉楚人也。少善听音，故曰为世无足为鼓琴也。

《元本》"无"作"不"。

《艺文类聚》四四引无"复为"二字，"者"下有"也"字。

《太平御览》五七七引无"复为"之"复"字；又五七九"复为"作"以"字。

《草堂诗笺》十四引无二"琴"字，无"复为"之"复"字。

《蒙求旧注》引"鼓琴者"作"鼓者"。

《后汉书·陈元传》注引"以为世无足复为鼓琴者"作"以时人莫之能听也"。

《文选·洞箫赋》李善注引作"以为世无人为鼓琴者"。

《琴赋》注作"以为世无赏音"。

《刘越石答卢湛诗》注作"以为世无复赏音者也"。

《报任少卿书》注作"以为世无赏音者"。

《陈后山诗·杜侍郎挽词》注作"以世无知音"。

孙人和曰："下'复'字涉上'复'字而衍，高注云云，是正文'为'上无'复'字，明矣。《艺文类聚》四十四、《太平御览》五百七十七又五百七十九引，并无此字。"

杨明照《吕氏春秋校证》曰："《韩诗外传》九、《说苑·尊贤篇》，亦并无之，当据删。"

《汇校》曰："孙说是也。《太平御览》五七九'复为'作'以'，'以'犹'为'也。见《经传释词》。"

【器案】

《礼记·缁衣》以"君牙"为"君雅"，正与高注"牙"或作"雅"同。

非独琴若此也，

【比义】

杨明照曰："按此文就鼓琴言，非单论琴也。'琴'上当有'鼓'字，始能与上文相应。《说苑·尊贤篇》正作'非独鼓琴若此也'。《韩诗外传》九亦夺，与此同。"

贤者亦然。

【比义】

世无贤者，亦无所从受礼义法则，与共治国也。

虽有贤者，而无礼以接之，贤奚由尽忠？

【比义】

杨明照曰："案'贤奚由尽忠'，当作'贤者奚由尽忠'，若夺'者'字，则与上文不应矣。《韩诗外传》九作'贤者将奚由得遂其功哉？'《说苑·尊贤篇》作'贤者奚由尽忠哉？'并有'者'字也。高注云：'言不肖者无礼以接贤者，贤者何用尽其忠乎？'是正文原有'者'字明矣。"

犹御之不善，骥不自千里也。

【比义】

言不肖者，无礼以接贤者，贤者何用尽其忠乎？若不知御者御骥，骥亦不为之从千里也。

【器案】

《说苑·尊贤篇》作"骥不自至千里者，待伯乐而后至也"。

汤得伊尹，祓之于庙，

【比义】

《风俗通义·祀典》《后汉书·礼仪志中》注、《太平御览》卷一〇〇〇引"汤"下有"始"字，"祓之于庙"句下有"薰以雀苇"一句四字。《路史·后纪》卷十三下作"汤祓伊尹以雀苇"。

毕沅曰："《风俗通义·祀典》，引此句下有'薰以雀苇'四字。"

【器案】

"薰以雀苇"句当有，盖"薰"或为"衅"，后人以其与"衅以牺狠"句重复而删削之也。

《国语·齐语》载齐桓公得管仲事云："三衅三浴之。"

韦注："以香涂身曰衅，衅或为熏。"

《汉书·贾谊传》："豫让衅面吞炭。"

师古曰："衅，熏也。"盖衅从分得声，故或为熏也。

《周礼·春官》："女巫掌岁时被除衅浴。"

郑注："衅浴，谓以香薰草药沐浴。"

然则"薰以雚苇"，亦谓"衅浴"耳。

爟以爟火，衅以牺狠。

【比义】

《周礼·司爟》："掌行火之政令。"火者所以被除其不祥，置火于桔槔，烛以照之。衅，以牲血涂之曰衅。爟读曰权衡之权。

《元本》《李本》《许本》《张本》《姜本》《汪本》《日刊本》《一切经音义》卷八十三引注"烛"作"爟"。

段玉裁曰："《贤能篇》桓公迎管仲，'被以爟火'。高注略同，亦曰：'爟读如权字。'考《史记·封禅书》《汉书·郊祀志》皆曰：'通权火。'又曰：'权火举而祠。'张晏云：'权火，烽（fēng）火也，状若井挈皋，其法类称，故谓之权火。欲令光明远照通于祠所也。汉祠五

吕氏春秋（本味篇）

时于雍，五里燋火。'如淳曰：'权，举也。'按如云：
'权，举也。'许云：'举火曰爟。'（《说文》："爟取
火于日，官名。从火，雚声。《周礼》曰：'司爟掌行火之
政令。'举火曰爟。"）高云：'爟读曰权。'然则爟、权
一也。"

《汇校》："'爝''烛'音义并通。苣（jù）火
袚也。《曲礼》：'烛不见跋。'《疏》云：'古者未
有蜡烛，唯呼火炬为之也。'今正文及《元本》等注俱作
'爝'，应据正。"

【器案】

《淮南子·氾论篇》："夫发于鼎俎之间（注：伊
尹）……洗之以汤沐，袚之以爟火。"注："爟火，取火于
日之官也。《周礼·司爟》：'掌行火之政令。'火所以袚
除不祥也。"

《说文》爟下又云："或从亘作烜（xuǎn）。"

考《说文》所云"取火于日之官"，即《秋官》之司
烜，"掌行火之政令"，则《夏官》之司爟，许以爟烜为一
字，合二官为一官，则《淮南》彼注，当出许慎，而高诱不
从之，此亦高、许之分也。

又案："桔皋"，《封禅书》张晏注作"洁皋"，《汉
书·郊祀志》张晏注作"挈皋"，又《扬雄传》"招繇（yáo）"
注引萧该《音义》曰："如淳作'皋繇'，云：'皋，楔

槔（gāo），积柴于招摇头，致牲玉于其上，举而烧之，欲其近天也，故曰皋摇。'"洁、挈、楔音近通用。

此文作"桔皋"者，犹如《礼记·曲礼上》郑注："桥，井上楔槔。"

《释文》云："'楔'本又作'契'，又作'絜（jié）'，同，音结。槔，古毫反。'絜皋'，依字作'桔槔'，见《庄子》。"

《淮南·主术篇》高注："桥，桔皋上衡也。"字亦作"桔皋"。

又案：《韩非子·内储说下》："郑桓公将欲袭郐（kuài），先问郐之豪杰、良臣、辨智果敢之士，尽与姓名，择郐之良田赂之，为官爵之名而书之，因为设坛场郭门之外而埋之，衅之以鸡猳，若盟状。"

《谷梁传》僖公九年注："郑君曰：'盟牲，诸侯用牛，大夫用猳。'"

《史记·平原君传》《索隐》："盟之所用牲，贵贱不同：天子用牛及马，诸侯以犬及猳，大夫以下用鸡。"

明日设朝而见之，

【比义】

《书钞》卷一百四十二又一百四十三引"而见之"作"见之礼"。

刘师培曰："《书钞》一百四十二引作'设朝见之礼'，不误。"

说汤以至味。

【比义】

为汤说美味。

梁玉绳曰："《汉艺文志》小说家有《伊尹说》二十七篇，《史记·司马相如传·索隐》称应劭引《伊尹书》，《说文》栌字、耗（hào）字注，亦引《伊尹》之言，岂《本味》一篇，出于《伊尹说》欤（yú）？然孟坚谓：'其语浅薄，似依托也。'"

【器案】

《楚辞·天问》："缘鹄饰玉，后帝是飨（xiǎng）。"

王逸注："后帝，谓殷汤也。言伊尹始仕，因缘烹鹄鸟之羹，脩玉鼎以事于汤，汤贤之，遂以为相也。"

洪兴祖《补注》："《史记》：'阿衡欲干汤而无由，乃为有莘氏媵臣，负鼎俎，以滋味说汤，致于王道。'《淮南》云：'伊尹忧天下之不治，调和五味，负鼎俎而行。'注云：'负鼎俎，调五味，欲其调阴阳，行其道。'《孟子》云：'吾闻以尧、舜之道要汤，未闻割烹也。'伊尹负鼎干汤，犹太公屠钓之类，于传有之，孟子不以为然者，虑后世贪鄙之徒，饰此以自进耳；若谓初无负鼎之说，则古书皆不可信乎？"

汤曰："可对而为乎？"

【比义】

《书钞》卷一百四十三、《太平御览》卷八百四十九引作"可得为之乎"。

毕沅曰："'对'字讹，当作'得'，《太平御览》八百四十九作'可得为之乎'。"

俞樾曰："'对'字衍文也。可而为乎'，犹曰可以为乎，本书多有此例。《去私篇》曰：'南阳无令，其谁可而为之？''可而'即'可以'也。此因涉下文'对曰'而误衍'对'字耳。"

许维遹、《汇校》俱以《毕校》为是，并举《书钞》以证之。

【珉案】

《通鉴外纪》卷二作"可得而为之乎"，亦是"得"字。

对曰："君之国小，不足以具之；为天子然后可具。夫三群之虫，

【比义】

三群，谓水居、肉玃、草食者也。

《太平御览》卷八百四十九引"群"作"部"。

【珉案】

《通鉴外纪》二引或曰作"为天子，然后可也"。

水居者腥，肉玃者臊，草食者膻。

【比义】

水居者，川禽鱼鳖之属，故其臭腥也。肉玃者，玃拏（ná）肉而食之，谓鹰雕之属，故其臭臊也。草食者，食草木，谓獐鹿之属，故其臭膻也。

【器案】

《周礼·天官·庖人》："凡用禽兽：春行羔豚，膳膏香；夏行腒鱐（sù），膳膏臊；秋行犊麛（mí），膳膏腥；冬行鲜羽，膳膏膻。"所言臭味义与此同。

彼以时言故为四，此以群言故为三也。

《国语·鲁语》："使水虞登川禽。"

韦昭注："鳖蟹之属。"然则周、秦人固谓水族为川禽也。

臭恶犹美，皆有所以。

【比义】

臭恶犹美，若蜀人之作羊腊，以臭为美，各有所用也。

【器案】

《礼记·内则》注："今益州有鹿㱙。"

《释文》："㱙，于伪反。益州人取鹿，杀而埋之地中，令臭乃出食之，名鹿骫是也。"

《正义》："郑以今益州人有将鹿肉畜之骫烂，谓之鹿骫。"

今案：郑之鹿骫，高之羊腊，俱谓蜀人以臭为美也，或一事而两传。

《说文》："昔，干肉也，从残肉，日以晞（xī）之，与俎同意。"籀（zhòu）文从肉作腊。

凡味之本，水最为始。五味三材，

【比义】

五行之数，水第一，故曰水最为始。

五味：咸，苦，酸，辛，甘。

三材：水，木，火。

【器案】

《淮南·氾论篇》高注："伊尹负鼎俎，调五味以干汤。"

九沸九变，火为之纪。

【比义】

纪犹节也。品味待火然后成，故曰火为之节。

"火为之纪"，原作"火之为纪"，《太平御览》卷八百四十九又八百六十九、《事类赋》卷八引作"火为之纪"。

毕沅曰："旧本正文作'火之为纪'，今从《太平御览》乙正，与注合。"今从之。

又案：张景阳《七命》："味重九沸。"即用此文。

时疾时徐，灭腥去臊除膻，必以其胜，无失其理。

【比义】

用火熟食，或炽或微，治除臊腥，胜去其臭，故曰必以其胜也。齐和之节，得其中适，故曰无失其理也。

《书钞》卷一百四十二引无"除膻"二字，与注文相合。

【器案】

必以其胜，言必用相胜相制之品，以去其腥膻之臭气也。

调和之事，必以甘、酸、苦、辛、咸。先后多少，其齐甚微，皆有自起。

【比义】

齐，和分也；自，从也。

《文选·七发》注："和，谓和羹也，韦昭《上林赋》注曰：'芍药，和齐咸酸美味也。'"

【器案】

齐读若剂，和分即调和之意。

《周礼·天官·内饔（yōng）》注："煎和，齐以五味。"

《正义》："凡言和者，皆用酸、苦、辛、咸、甘。"

又《亨人》："掌共鼎镬（huò），以给水火之齐。"
注："齐多少之量。"

《正义》："谓实水于镬，乃爨（cuàn）之以火，皆有多少之齐。"

又《盐人》注："齐事，和五味之事。"

《礼记·少仪》注："齐谓食羹酱饮有齐和者也。"

《正义》："此一经明齐和之宜。凡齐者，谓以盐梅齐和之法。"

《左传》昭公二十年："晏子曰：'和如羹焉，水火醯醢盐梅，以烹鱼肉，燀（chǎn）之以薪，宰夫和之，齐之以味，济其不及，以泄其过。'"

《淮南·本经篇》："煎熬焚炙，调齐和之适。"

《盐铁论·通有篇》："煎炙齐和。"

《新序·杂事》四："宾胥无善齐和之。"

《汉书·艺文志·方技略》："调百药齐和之所宜。"
诸齐字皆当读若剂，今药方犹用剂之名。

鼎中之变，精妙微纤，口弗能言，志弗能喻。

【比义】

鼎中品味，分齐纤微，故曰不能言也。志意揆（kuí）

度，不能谕说。

《浙局本》"志弗"作"志不"，盖涉注文而误。

【器案】

《礼记·少仪》："问品味。"

《正义》："品味者，肴馔也。"

若射御之微，阴阳之化，四时之数。

【比义】

射者望毫毛之近，而中艺于远也；御者执辔（pèi）于手，调马口之和，而致万里；故曰若射御之微也。阴阳之化，而成万物也。四时之数，春生夏长，秋收冬藏，物有异功也。

《宋邦乂本》注"物有异功也"作"故有异功也"，不可据。

毕沅曰："注'马口'似当作'马足'。"

范耕研曰："按：辔者马所衔，故曰调马口之和。'口'字似不误。"

许维遹曰："毕说非，详《先己篇》。"（《先己篇》许维遹《集释》曰："注'马口'不误。《淮南·主术篇》云：'圣主之治也，其犹造父之御，齐辑之于辔衔之际，而缓急之于唇吻之和。'高注殆约此文。彼云'唇吻'，此云'马口'，其义一也。毕改失之。"）

【器案】

范、许说是。

《申鉴·政体篇》："自近御远，犹夫御马焉，和于手而调于衔，则可以使马。"

《列子·汤问篇》："推之于御也，齐辑乎辔衔之际，而急缓乎唇吻之和，正度乎胸臆之中，而执节乎掌握之间，内得于中心，而外合于马志，是故能进退履绳而旋曲中规矩，取道致远而气力有馀。"

《群书治要》引杜恕《体论·政篇》："夫善御民者，其犹御马乎，正其衔勒，齐其辔策，均马力，和马心，故能不劳而极千里。"

皆以唇吻衔勒为言，明其当为"马口"而非"马足"也。

故久而不弊，熟而不烂，

【比义】

弊，败也。烂，失饪也。

《论语》云："失饪不食。"

《论语·乡党》："失饪不食。"

《集解》："孔安国曰：'失饪，失生熟之节。'"

甘而不哝，

【比义】

《元本》《李本》《许本》《张本》《姜本》《宋邦乂本》《汪本》《朱本》《日刊本》"哝"下有旧校云："一作'坏'。"《玉篇·口部》《天中记》引作"嚘"。

毕沅曰："'哝'乃'嚘'字之讹，后《审时篇》：'得时之黍，食之不嚘而香。'《玉篇》：'于县切。'又《酉阳杂俎》亦云：'酒食甘而不嚘。'"

松皋圆曰："盖即'浓'字，言过甘也。"

俞樾曰："哝者，味之厚也，言甘而不失之过厚也。古或假脓为之，《文选·七发》：'甘脆肥脓。'注曰：'脓，厚之味也。'是也。《说文》无'哝'字，'哝'亦'𪘣'之俗体，其训为肿血，非肥厚之义。然《衣部》：'襛（nóng），衣厚貌。'《酉部》：'醲，厚酒也。'衣厚谓之襛，酒厚谓之醲，然则味厚谓之哝，正合六书之例。未可因《说文》所无，而转疑见于《吕氏书》者为讹字也。毕氏疑为'嚘'字之误，非是。"

许维遹曰："毕说是。'嚘'为'饐'借，《说文》：'饐，厌也。'《集韵》引伊尹曰：'甘而不饐。'可证。"

《汇校》曰："松、俞二说皆周章，《玉篇》：'哝，多言不中也。'自有多言之义。即假'浓'为'脓'，于义亦逊，味厚不必是甘甚也。今《元本》等'哝'下有《旧

校》'一作坏'。《毕校》夺之，'唻''坏'皆与'嚘'
形似。当本作'嚘'。《集韵》：'嚘，食甚甘也。'义正
相合。且与上'弊''烂'二字，下之'减'字韵复相叶，
可以为证。《集韵》引伊尹曰：'甘而不饁。''饁'亦
'嚘'之假耳。"

【珉案】

《玉篇·口部》引作"伊尹曰：'甘而不嚘。'谓食甘。"

盖《吕览》自有一作"嚘"一作"饁"之本，惜诸家失
引《玉篇》此证。

本书《审时篇》："不嚘而香。"高注："嚘读如饁，
（原误餲）厌之饁。"即此嚘字之义。

《艺文类聚》卷八十七、《太平御览》卷九百七十二引
魏文帝诏："甘而不饁。"则所见者乃作"饁"之本也。

酸而不酷，

【比义】

《玉篇·口部》引伊尹曰作"酸而不嚛（hè）"。

严可均辑《全上古三代文》从《玉篇》改作"酸而不嚛"。

毕沅曰："《酉阳杂俎》亦是'嚛'字。"

咸而不减，

【器案】

《左传》昭公二十年："宰夫和之，齐之以味，济其不及，以泄其过。"注："济，益也。泄，减也。"

《正义》："齐之者，使酸咸适中。济益其味不足者，泄减其味太过者。"彼文言济泄酸咸之事，正与此同，可互证。

此文"不减"，即谓咸淡适中，不以其味太过，而须使用泄减之法以处置之也。

辛而不烈，

【比义】

《说文·口部》："嘹，食辛嘹也。"

段玉裁注："嘹谓辛螫，《火部》引《周书》'味辛而煼（liǔ）'。《吕览·本味》：'辛而不烈。''嘹'与'煼''烈'同义。《玉篇》云：'伊尹曰："酸而不嘹。"'此古《伊尹书》之仅存者，'酸'疑当作'辛'，'辛而不嘹'，即《本味》之'辛而不烈'也。"

澹而不薄，肥而不腴。"

【比义】

言皆得其中适。

刘咸炘曰："言调和之理，亦此书本旨，与《夏纪》言乐相类，采之之意，岂在此耶？"

毕沅曰："腠，字书无考。案：今人言味过厚而难入口者，有虚侯、虚交二音，岂本此欤？"

吴承仕曰："《类篇》：'腠，胡沟切，咽也。'此为喉之异文。疑《吕氏》此字，本有本义，今不审其训读云何。"

许维遹曰："案：《集韵》引伊尹曰：'肥而不饌。'《酉阳杂俎》作'肥而不腴'，未知孰是。"

【器案】

《酉阳杂俎》七作"淡而不薄"。

《玉篇·水部》："澹，水动貌。淡，薄味也。"二文本有别，此混为一。

又案：《玉篇·食部》引伊尹曰："肥而不饌。"

又引《埤苍》曰："饌，无味也。"

《类篇·口部》引作"肥而不饌"，云："或从口，食无味。"则此字从蒦得声，义为食无味，毕、吴之说皆非。

刘咸炘曰："言调和之理，亦此篇本旨，与《夏纪》言乐相类，采之之意，岂在此耶？"

肉之美者：猩猩之唇；獾獾之炙；

【比义】

猩猩，兽名也，人面狗躯而长尾。獾獾，鸟名，其形未闻。"貜"一作"获"。

《韵府群玉》卷四引"猩猩之唇"下有"翰音之跖"四字。《太平御览》卷九百十引"貜貜之炙"作"玃（jué）猱（náo）之炙"。

毕沅曰："今案：《南山经》：'青邱之山有鸟焉，其状如鸠，其音若呵，名曰灌灌。'注：'或作濩濩。'则此'貜'当作'灌'，'获'亦当作'濩'若貜从豸（zhì），则是兽名，今注云'鸟名'，则当如《山海经》所说也。"

王念孙曰："'炙'读为'鸡跖'之'跖'。"

【器案】

毕、王说俱是。

《酉阳杂俎》前七："鸡跖猩唇，《吕氏》所尚。"

证以《韵府群玉》所引，则今本'貜貜之炙'句，显然有误也。

又案：《荀子·非相篇》："今夫狌（xīng）狌形笑，亦二足而毛也，然而君子啜其羹，食其胾（zì）。""狌狌"即"猩猩"，亦以为肉美之食品。

隽觾之翠；

【比义】

鸟名也。翠，厥也。形则未闻。

《书钞》卷一百四十五引"隽觾"作"隽燕"。

《初学记》卷十四引作"攜（xié）燕"，又卷二十六《明刊本》"隽"作"檇（zuì）"。

《太平御览》卷八百六十三又九百二十三及李善注《文选·七命》"隽"作"巂（xī）"。

《编珠》卷三"鷢"作"燕"。

《太平御览》卷九百二十三"厥"误作"疎"。

《七命》注引"翠"作"髀（bì）"。

周婴《卮（zhī）林》二曰："杜鹃，周公谓之鶅，师旷谓之鸐（dí），屈平谓之鶗（tí）鴃（guī），朱玉谓之姊归，吕不韦谓之鶪燕，戴德谓之瑞雉，马迁谓之姊归，扬雄谓之子鷐，王逸谓之置鷁，张揖谓之鴀鷁，沈莹谓之鶗（tí）鴂（guī），张华谓之怨鸟，许慎、郭璞谓之子鶅，常璩（qú）谓之子鹃，徐广谓之子鴀，李士谦谓之鶗（tí）鴂，韩愈谓之催归，顾况、陆龟蒙谓之谢豹，大抵因其自呼之声，以为斯禽之目，字虽异义，语该同音矣。"

毕沅曰："'鷢'乃'燕'字之讹，《初学记》与《文选·七命》注皆作'燕'，《选注》'隽'作'雟'，则子规也。《礼记·内则》有'舒雁翠''舒凫翠'。注：'尾肉也。'皆不可食者。今闽、广人以此为美。'翠'亦作'膵（cuì）'，《广雅》：'膵，髁（kē）臗（què）也。'《说文》作'髋'，臀骨也。训皆合。《玉篇》：'膵，鸟尾上肉也。'"

孙志祖曰："字书无'鱹'字，《文选·七命》注引作'巂燕'，是也。"

王念孙曰："《说文》《玉篇》《广韵》《集韵》皆无'鱹'字，'隽鱹'当为'觿（xī）燕'，'觿'与'巂'同，（巂、觿并户圭反。）《尔雅·释鸟》云：'巂周，燕燕，鳦（yì）。'郭璞以'燕燕'二字连读，而以巂与周为一物，燕燕与鳦为一物。《说文》云：'巂，巂周，燕也。'（俗本脱下'巂'字，今依段氏注补。）则以'巂周'二字连读，而以巂周与燕为一物。此云'巂燕之翠'，义与《说文》同，作'觿'者借字耳，因右畔'巂'字讹作'隽'，左畔'角'字又下移于'燕'字之旁，故'隽鱹'二字，《北堂书钞·酒食部》四、《太平御览·饮食部》十一、《羽族部》十及《文选·七命》并引作'巂燕'，《初学记·器物部》十四引作'攜燕'，'攜'即'觿'之讹。"

洪颐煊曰："《文选·七命》：'燕髀猩唇。'李注《吕氏春秋》：'伊尹说汤曰：肉之美者，巂燕之髀。'《说文》曰：'髀，股外也。'"

颐煊案："今《吕氏春秋·本味篇》作'隽鱹之翠'，'翠'或作'膟'，《玉篇》：'膟，鸟尾上肉也'。与'髀'字形相近因讹。"

【珉案】

此盖李善改《吕氏春秋》以就《七命》之文，非《吕氏》有异文也。

杨昭儁（jùn）曰："《尔雅·释山》：'未及上翠微。'郭注：'近上旁陂。'窃谓隽觿之翠，此翠当指肥处而言，非《内则》'雁翠''兔翠'，禽体肥处，在骰（tuǐ）腹之间，犹山之近旁陂也。《墨子·非侜（ér）篇》：'因人之家以为翠。'亦谓翠为肥。曹氏《墨子笺》改'翠'为'膵'，训肥也，曹从博雅为说，于义为是；但不知古人形容禽体之肥，原借山形翠微之义，不必'翠'为'膵'矣。"

【器案】

《素问·骨空论》："炙撅骨。"

王注："尾穷谓之撅骨"，则"厥"又作"撅"。

《尔雅·释鸟》："䳘（yáng），白鷢（jué）。"

郭注："似鹰，尾上白。"字又作"鷢"者，以其为鸟尾也。

述荡之掔；

【比义】

兽名。掔读如棬椀（wǎn）之椀。掔者，踏也。形则未闻。

《元本》《李本》《许本》《张本》《姜本》《宋邦

乂本》《刘本》《汪本》《凌本》《朱本》《李评本》《黄本》《日刊本》"擘"作"挈"。

《初学记》二六、《编珠》三作"迷荡之腕"。

《太平御览》八六三"擘"作"挈",注作"音牵,兽名"。

《广韵·二十三锡》"述荡"作"趹踢"。

毕沅曰:"《初学记》引作'迷荡'。"

毕沅《新校正》曰:"《庄子》云:'西北方之下者,泆(yì)阳处之。'陆德明《音义》云:'司马曰:泆阳,豹头马尾,一作狗头。一云神名也。'《吕氏春秋·本味篇》云:'伊尹云:肉之美者,迷荡之擘。'高注曰:'兽名,形则未闻。'案:即是此也。又案:趹踢,当为述荡之误,篆文辵(chuò)、足相似,故乱之。《玉篇》有趹踢,无踢字,郭注黜(chù)踢之踢,亦当为惕,《广雅》作趹踢,引此,非。"

王念孙曰:"注内'踏'字疑当作'蹯'。"

许维遹曰:"案《大荒南经》云:'南海之外,赤水之西,流沙之东,有兽左右有首,名曰趹踢。'毕氏据此,谓'趹踢'当为'述荡'之讹,并云高注兽名,形则未闻, 即是此也。校此书,反不知引,盖偶未照耳。"

谭戒甫曰:"案高说全误。此迷荡即《庄子·人间世》篇之迷阳耳。王应麟引胡明仲云:'荆楚有草丛生,修条四时发颖，春夏之交，花亦繁丽。条之腴者，大如巨擘，剥而食之，其味甘美，野人呼为迷阳。其肤多刺，故曰无伤吾足。'按迷阳之名，似谓人迷其甘美，而被刺伤，乃名迷伤，展转遂成迷阳或迷荡耳。又《说文》：'擘，手擘也。'或作腕。高读不误。迷荡之擘，殆即所谓巨擘条，可供食品者欤。"

《汇校》："谨案：'述荡'为'趹踢'之假借。《初学记》作'迷荡'，形似之误。谭氏戒甫《遗谊》以为高说全误，疑即《庄子》之'迷阳'，非是。上文云：'肉之美者'，盖指动物言，故曰：'猩猩、獾獾、隽觾、旄象'，何忽杂入植物。《山海经·大荒南经》曰：'南海之外，赤水之西，流沙之东，有兽，左右有首，名曰趹踢。'郭注：'出猌名国。'毕沅、郝懿行皆引《吕览》'迷荡'，谓即此兽也。趹惕之兽，疑若犹豫，行则左右其首，有怵惕之恐，故《山海经》称左右有首也。又按：《初学记》引'擘'作'腕'，是也。'擘'为'擘'之误，擘，《说文》云：'手擘也'，与腕同。"

【器案】

《太平御览》"音牵"之注，盖后人误认从臤（qiān，xián）而以肊（yì）窜入之音。

玄应《邪祇经音义》引《三苍》："擘亦牵字，苦田反，引前也。《淮南子·主术篇》：'瞋目拒（è）擘。'

注音牵。"玄应所引《淮南音》，今本无之，亦后人就从臤之音而肌蹲入者。

《仪礼·士丧礼》："设决丽于掔。"注："掔，手后节中也。故作掔作捥。"

《说文》："掔，手掔也。"无捥字，则从今文也。

《汉书·郊祀志》："海上、燕、齐之间，莫不搤掔。"

《游侠传》："搤掔而游谈。"师古曰："掔，古手腕字。"

旄象之约；

【比义】

旄，旄牛也。在西方，象，象兽也。在南方，约，饰也，以旄牛之尾，象兽之齿，以饰物也。一曰：约，美也，旄象之肉美，贵异味也。

《元本》《李本》《许本》《张本》《姜本》《宋邦乂本》《汪本》《朱本》《黄本》《日刊本》注："约饰也"之"饰"作"节"。

《初学记》二九"旄"作"髦（máo）"，注作"旄象肉之美者"。

《太平御览》八六三注作"旄、象，牛、兽也。旄、象肉美，贵之也"。

《太平御览》八九〇"旄"作"髦"。

《文选·七命》注"旄"作"髦"，注作"髦，髦牛也，在西方。象，象兽也，在南方，取其远方物之美也。髦象之肉美，贵异味也"。

苏东坡《次韵孔毅父集古人句见赠》施注引"旄"作"髦"。

毕沅曰："此论味之美者，何忽及於饰乎？《楚辞·招魂》：'土伯九约。'王逸注：'约，屈也。'九屈难解，屈必是屈之讹，《玉篇》云：'短尾也。'今时牛尾、鹿尾，皆为珍品，但象尾不可知耳。《说文》无屈有屈，云：'无尾也。'疑无字亦误衍。"

梁玉绳曰："毕氏辑校刊《楚辞·招魂》'九约'，王逸注：'约，屈也'，疑屈为屈之讹（诸蔼堂云：'屈郎屈，非讹字。'）《玉篇》：'屈，短尾。'与《说文》训无尾同。《淮南·原道》注：'屈读秋鸡无尾屈之屈。'毕校以《说文》无字为衍，亦非。而象尾不闻与牛尾并称珍美，明谢肇淛（zhè）《五杂俎》云：'象体具百兽之肉，唯鼻是其本肉，以为炙，肥脆甘美，约郎鼻也。'此说似胜，然则旄亦以鼻为美乎？"

洪颐煊曰："'约'当为'白'，声之误也。《文选》张景阳《七命》：'髦残象白。'《诗·韩奕·正义》引陆玑（jī）《疏》：'熊脂谓之熊白。'则髦象之脂，皆可谓之白也。"

《汇校》："谨案：'氂''旄'通借。旄，《说文》：'幢也。'段注：'以氂（máo）牛尾注旗竿，故谓此旗为旄。因而谓氂牛尾曰旄，谓氂牛曰旄牛，名之相因者也。''氂''旄''髦（máo）'，音义并通。盖郎谓氂牛也，朱氏起凤疑'旄'为'犀'字，非是。高注云：'旄，在西方。'而犀则南徼外兽也。"

【器案】

《原本玉篇残卷》系部："约，又音焉教反，《楚辞》'土伯九约'。王逸曰：'约，屈也。'野王案：谓屈节也，《吕氏春秋》'旄象之约'是也。"则野王所见本高注作"屈节"。毕、诸、梁三氏谓"屈"即"屆"，其说是也。

《史记·天官书》："白虹屈短。"

《集解》："李奇曰：'屈或为尾也。'"此亦"屈"为"尾"之证。

畜生之尾多节，肉美，故鹿尾、牛尾俱为珍品。土伯九约，盖如九尾狐、九尾龟之类。

本书《行论》篇言鲧（gǔn）"比兽之角，能以为城，举其尾，能以为旌"。则兽尾固可以为旌节也。

《韩非子·喻老》篇："象箸玉杯，必不羹菽藿，必旄象豹胎。"

又《说林上》篇："玉杯象箸，必不盛菽藿，则必旄象豹胎。"则先秦固以旄象为异味也。

《淮南子·原道》篇："傅旄象。"注："傅，著也。旄，旄也。象，以象牙为饰也。"俱以"旄象"连文，然则旄象固一可用之於饮食，一可用之於饰品也。

流沙之西，丹山之南，有凤之丸，

【比义】

丸，古卵字也。流沙，沙自流行，故曰流沙，在敦煌西八百里。丹山在南方，丹泽之山也。二处之表，有凤凰之卵。

《孔本书钞》引"有凤之丸"句下有"盖是肉也"四字一句。

《元本》《李本》《许本》《张本》《姜本》《宋邦乂本》《汪本》《朱本》《日刊本》注"自"上夺"沙"字。

《汇校》："诸本夺'沙'字。《楚辞·招魂》王逸注：'流沙，流沙西行也'可证。"

【器案】

丸即羍丸字，丸、卵皆寒部字。

《说文》系部："绾从官声，读若鸡卵。"

《礼记·内则》注："卵读为鲲，或作䲡（guān）。"可以互证。

沃民所食。

【比义】

食凤卵也。沃之国在西方。

毕沅曰："见《大荒西经》。"

松皋圆曰："注'沃'下漏'民'字。"

【器案】

《淮南·坠形篇》沃民，注："西方之国也。"

又《修务篇》注："沃民，西方之国。"

鱼之美者：洞庭之鱄；东海之鲕；

【比义】

洞庭，江水所经之泽名也。鱄鲕，鱼名也，一云鱼子也。张本"鱄"作"鱄"，注同。

《太平御览》九三七"鱄"作"鲋"。

许维遹曰："案：'鱄'原作'鱄'，注同，改从张本。王念孙亦云：'鱄当作鱄，《士丧礼》曰：鱼鱄鲋九。'"

谭戒甫曰："案《玉篇》：'鱄，鯸（fū）鱼，一名江豚，天欲风则踊，亦作鮮，尾有毒。'疑高注有佚脱；今洞庭有鱄，舟子呼为拜风猪，见则风起相见也。又《说文》：'鲕，鱼子也。'高此注亦似有窜改。"

《汇校》："'缚''鲋'音义并通。"

松皋圆《毕校补正》："'鱄即鲋。'是也，《太平御览》九三七引正作'鲋'。《酉阳杂俎》（前七）、刘劭《七华》皆云：'洞庭之鲋。'《张本》作'鱄'，段注《说文》亦引作'鱄'，皆误。《广韵》云：'鱄'，出洞庭温湖。'疑《广韵》亦误。（《太平御览》九三七引）《荆州记》云：'荆州有美鲋，踰于洞庭温湖。'亦足证洞庭所出为鲋也。"

醴水之鱼，名曰朱鳖，六足，有珠百碧；

【比义】

醴水在苍梧，环九嶷之山，其鱼六足有珠如蛟皮也。

《山海经·东山经》注、《太平御览》九三九引"醴"作"澧"、"朱"作"珠"。

《一切经音义》二〇作"朱鳖六足有珠"，又八五作"醴水中虫，名为朱鳖"。《北户录》一"朱"作"珠"。

毕沅曰："《东山经》注引'澧水之鱼，名曰朱鳖，六足有珠'。"

梁仲子云："此注不解，'百碧'，疑当从下文作'若碧'，盖青色珠也。"

严可均曰："'百碧'，疑当作'若碧'。"

郝懿行曰："'百碧'疑'青碧'字之讹也。高诱注云：'有珠如蛟皮'，'蛟'当为'鲛'，皮有珠文。但郭氏《江赋》云：'赪（chēng）鳖（biē）胏（zǐ）跃而吐玑。'《南越志》亦云：'朱鳖吐珠。'高诱以为皮有珠，盖非也。"

许维遹曰:"案:郝说是。"

《汇校》:"谨案:醴、澧二水,后因音同形近而混。《说文》:'澧水,出南阳雉衡山,东入汝。'段注:'此水非入洞庭之澧水,入洞庭之水,《水经》别为篇,其字本作"醴",《禹贡》:"江水又东至于醴。"卫苞始改为澧。'今高注:'醴水在苍梧,环九嶷之山。'则字当作'醴'。"

彭铎《拾补》曰:"按'百'疑当作'而'。有珠而碧,与下文'鳐其状若鲤而有翼'句法一律,故高诱不注。"

雚水之鱼,名曰鳐,其状若鲤而有翼,

【比义】

雚水在西极。若,如也。翼,羽翼也。

《元本》《李本》《许本》《张本》《姜本》《朱邦乂本》《刘本》《汪本》《凌本》《李评本》《朱本》《日刊本》"雚"作"萑",下有旧校"一作雚"三字。

《太平御览》九三九"雚"作"灌","若"作"如"。

毕沅曰:"《西山经》:'泰器之山,观水出焉,是多文鳐鱼。'形状与此同。"

郝懿行曰:"陈藏器《本草拾遗》云:'此鱼生海南,大者长尺许,有翅与尾齐,群飞海上,海人候之,当有大风。'"

《汇校》："谨案：《旧校》'雚'为'菫'之讹。《山海经·西山经》云：'泰器之山，观水出焉。'与《高注》'在西极'正合，即此水。'雚''观''灌'，古通假。"

【器案】

《酉阳杂俎·前集》七："灌水之鲤。"原注云："一作鳐。"字作"灌"，与《太平御览》引本书合。

常从西海夜飞，游于东海。

【比义】

鳐从西海至东海，乘云气而飞。

沈祖绵曰："《山海经·西山经》曰：'泰器之山，观水出焉，注于流沙，多文鳐鱼，状如鲤鱼，鱼身而鸟翼，苍文而白首赤喙，常行西海，游于东海，以夜飞。'《左思赋》曰：'文鳐飞波而触纶。'《庾信集》曰：'文鳐夜触，集似青鸾。'郭璞《江赋》：'虬何以骖？鳐何以蜚？'《骈雅》云：'文鳐长尺许，有翼。'可以互证。'雚''观'古通。"

【器案】

《原本玉篇残卷》鱼部鳐下云："□观水□鳐鱼，状如鲤，鱼身鸟翼，仓文白首赤喙，常自西□游于□□□夜飞，音如鸾，其味酸、甘，见则天下□也。"盖亦据《山海经》为言。鳐，《说文》新附字。

菜之美者：昆仑之蘋，

【比义】

昆仑，山名，在西北，其高九万八千里。蘋，大蘋，水藻也。

《太平御览》一〇〇〇"蘋"作"萍"。

毕沅曰："郭璞以蘋即《西山经》之蘋（pín）草，其状如葵，其味如葱，食之可以已劳。"

许维遹曰："案：注'蘋，大蘋，水藻'，王念孙校本据《尔雅翼》改作'蘋大萍水藻（piáo）'，是也。说详《季春纪》。"

【珉案】

《季春纪》："萍始见。"高诱注："萍，水藻。"

许维遹《集释》曰："王念孙校本注'萍水藻'，改作'萍水藻'。考王氏校《淮南·坠形篇》，亦言今本《吕览》注'藻'误作'藻'。案'萍'一作'洴（píng）'，《尔雅·释草》注云：'水中浮洴，江东谓之藻。'王氏盖本此。"今四川正谓浮洴为浮藻。

寿木之华；

【比义】

寿木，昆仑山上木也。华，实也，食其实者不死，故曰寿木。

【器案】

《山海经·海内西经》："开明北有不死树。"注："言长生也。"

《太平御览》九五二引《博物志》："圆丘山有不死树，食之寿。"不死树即寿木。

又《拾遗记》三引"木之美者，有仁寿之华焉"，疑此文之异文。

指姑之东，中容之国，有赤木、玄木之叶焉；

【比义】

指姑，乃姑余，山名也，在东南方。

《淮南记》曰："轶鹓（kūn）鸡于姑余。"是也。赤木、玄木，其叶皆可食，食之而仙也。

《元本》注"姑"作"枯"。

《张本》指下旧校作"一作括"。

《齐民要术》十"指"作"括"。

《太平御览》九七六"指"作"枯"。

毕沅曰："《旧校》云：'指一作枯。'案：《齐民要术》十引作'括姑'，则'枯'亦'括'之讹。"又曰："注'鹓鸡'，旧讹作'题难'，今据《淮南·览冥训》改正。"

《汇校》："谨案：众本'指'下有《旧校》'一作枯'，唯《张本》'枯'作'括'，与《齐民要术》引正同。《毕校》疑'枯'为'括'之讹，疑亦非是。《太平御览》引亦作'枯姑'。"

【器案】

《山海经·大荒东经》："大荒之中，有山名曰合虚，日月所出，有中容之国。帝俊生中容。中容人食兽木实。"郭注："此国中有赤木、玄木，其华实美，见《吕氏春秋》。"郭注即据本文为说。括，合双声，姑，虚叠韵，括姑即合虚之转音，《张本》《齐民要术》作"括姑"，是。

又案：《太平御览》五二二引《礼稽命徵》："得礼之制，泽谷之中，有赤乌、白玉、赤蛇、赤龙、赤木、白泉生出，饮酌之，使寿长。"亦有关赤木之神话也。

余瞀之南，南极之崖，有菜，其名曰嘉树，其色若碧。

【比义】

余瞀，南方山名也，有嘉美之菜，故曰嘉树，食之而灵。若碧，青色。

《旧校》："瞀"一作"督"，"崖"一作"旁"。

《元本》《张本》《旧校》"督"作"留"。

《齐民要术》十"瞀"作"督"，无"其名"之"其"字。

《编珠》四引亦无此"其"字。

毕沅曰："注'灵'字旧作'虚'，今据《齐民要术》十改正。"

许维遹曰："《中山经》云：'半石之山，其上有草焉，其名曰嘉荣，服之者不霆。'郝懿行云：'高注，食之而灵。疑即此草，而灵或不霆之讹也。'"

《汇校》曰："谨案：据上下文例，'名曰'上之'其'字，疑衍。《齐民要术》十正无'其'字。又案：《毕校》据《齐民要术》改注'而虚'为'而灵'，甚是。郝懿行《山海经笺疏》据《山海经》疑作'不霆'，殆非。上句注云：'食之而仙。'灵与仙，盖互文。"

阳华之芸；

【比义】

阳华，乃华阳，山名也。在吴、越之间。芸，芳菜也。

梁履绳曰："阳华即前《有始览》所云'秦之阳华'也，注疑非。"

【器案】

注"在吴、越之间"原在"芳菜也"句下，今移正，始为不隔。

云梦之芹；

【比义】

云梦，楚泽。芹生水涯。

《齐民要术》十、《广韵·十八队》《玉篇·艸部》《说文系传》二、《押韵释疑·十八队》引"芹"作"芑（qǐ）"，《齐民要术》又引作"芹"。

毕沅曰："孙云：'《说文·艸（cǎo）部》芑字云：菜之美者，云梦之芑。徐锴云：此《吕氏春秋》伊尹对汤之辞，其为状未闻。'卢云：'案《说文》有荶（qín）字，云菜类蒿；《周礼》有荶菹，又有芹字，云楚葵也，俱巨巾切。又出芑字，驱喜切。'"

今案："芑亦是芹，凡真、文韵中字，俱与支、微、齐相通，不胜枚举，但以从斤者言之，如沂、圻、旂、祈、颀（qí）、蕲等字，皆可见。《祭法》：'相近于坎坛。'读为'禳祈'，《左氏传》'公子欣时'，《公羊传》作'喜时'，《谥法》：'治典不杀曰祈。''祈'亦作'震'，则可知'芑'之即为'芹'，无疑矣。"

王念孙曰："《齐民要术》引《吕氏春秋》云：'菜之美者，云梦之芹。'又引《吕氏春秋》云：'菜之美者，有云梦之芑。'则古有此二本。"

江藩曰："考芹有二种：一为野芹，茎叶黑色，味如藜蒿，疑即《说文》蒿类之荶。一为芹菜，青白色，味甘美，有水芹、旱芹，疑即楚葵。"又曰："芑、芹声相近，生于云梦，故名楚葵。"（《尔雅·小笺》）

【器案】

《太平御览》九八〇引《字林》："芑，美菜，生云梦。"

即据《吕氏春秋》为言，则所见本亦作"苣"。

具区之菁；

【比义】

具区，泽名，吴、越之间。菁，菜名。

《史记·司马相如传》《集解》《索隐》引"具区"俱作"太湖"。

许维遹曰："案：注'名'下脱'在'字，《有始览》注可证。"

【珉案】

《有始览》："吴之具区。"注："具区在吴、越之间。"许校是，当据补。

浸渊之草，名曰土英。

【比义】

浸渊，深深也，处则未闻。英言其美善，土英华也。

《元本》《李本》《许本》《张本》《姜本》《宋邦义本》《汪本》《朱本》《日刊本》注"言"上"英"字误作"华"。

【器案】

《尸子》："龙渊有玉英。"疑"土英"为"玉英"之讹。

和之美者：

【比义】

《艺文类聚》八九"和"作"物"，未可据。

阳朴之姜；招摇之桂；

【比义】

阳朴，地名，在蜀郡。招摇，山名，在桂阳。

《礼记》曰："草木之滋，姜桂之谓也。"故曰和之美。

《齐民要术》十、《酉阳杂俎》前七"阳"作"杨"。

《太平御览》九七七引"朴"作"璞"。

又《齐民要术》"阳朴"上有"蜀郡"二字，盖以注文与正文并言之。

【器案】

《山海经·南山经》："其首曰招摇之山，临于西海之上，多桂。"

郭璞注："在蜀伏山山南之西头，滨西海也。桂，叶似枇杷，长二尺余，广数寸，味辛，白花，丛生山峰，冬夏常青，间无杂木。《吕氏春秋》曰：'招摇之桂。'"引《礼记》者，《檀弓》上，注以为："为记者正曾子所云'草木滋'者谓姜桂。"

《尸子》："膳俞儿和之以姜桂。"

《韩诗外传》七、《说苑·善说》篇、《书抄》三三引《宋玉集序》俱有"姜桂因地而生，不因地而辛"语，以姜桂并提，与此正同，《说文·皿部》："盉（hé），调味也。"则和为借用字。

越骆之菌；鳢鲔之醢；

【比义】

越骆，国名。菌，竹笋也。鳢鲔，大鱼也，以为醢酱。无骨曰醢，有骨曰臡（ní）。

《齐民要术》十"骆"作"簬（lù）"，"菌"作"箘"。《太平御览》九七七、《韵府群玉》十"菌"作"箘"，又九六三、《记纂渊海》九六作"茵（méng）"，不可据。

松皋圆曰："菌草蕈类，注云'竹笋'者，或本作'箘'，从竹欤？"

孙人和曰："戴凯之《竹谱》《太平御览》九百九十八引'越骆'并作'骆越'，疑正文及注皆倒。《后汉书·马援传》云：'援与越人申明旧制，以约束之，自后骆越奉行马将军故事。'又云：'援好骑，善别名马，于交阯（zhǐ）得骆越铜鼓，乃铸为马式。'章怀注：'骆者，越别名。'"

许维通曰："王念孙校本改'菌'为'箘'，注同。"

【器案】

《酉阳杂俎》"骆"作"酪"，形近而误。

《周书·王会》篇："路人大竹。""路""骆"音近通用。"越骆"当作"骆越"，为百越之一，故或称"路人"也。

《文选·蜀都赋》刘逵注引《神农本草经》云："箘桂，出交趾，圆如竹，为众药通使。"则箘亦称箘桂，高注以"竹筍"为言，恐未确。䰜音泥，人移切。

大夏之盐；

【比义】

大夏，泽名，或曰山名，在西北。盐，形盐。

郝懿行曰："大夏，古晋地。"

【器案】

《周礼·笾人》："掌朝事之笾"，有"形盐"。

郑司农注："筑盐以为虎形，谓之形盐，故《春秋传》曰：'盐，虎形。'"

郑玄注："形盐，盐之似虎者。"

《左传》僖公三十年："盐，虎形。"

《太平御览》八六五引《凉州异物志》："戎盐，土人镂盐为虎形，即其遗制也。"

《周礼·盐人》有"形盐"，郑注："形盐，盐之似虎形。"

宰揭之露，其色如玉；

【比义】

宰揭，山名，处则未闻。

《元本》"揭"误作"楬（jié）"。

《开元占经》一〇一、《初学记》二、《事类赋》三、《太平御览》十二、《玉海》一九五、《天中记》三作"揭雩（yú）之露，其色紫"。

《子史汇·天文类》"宰揭"作"揭云"。

毕沅曰："梁仲子云：《初学记》引作'揭雩之露，其色紫'，《太平御览》十二同。"

许维遹曰："'宰揭'，《开元占经·露占》引同，《子史汇·天文类》引作'揭雩'，《宋本初学记》引作'揭萼（è）'，未知孰是。"

长泽之卵。

【比义】

长泽，大泽，在西方。大鸟之卵，卵大如瓮也。

【器案】

《汉书·西域传》："条支国，临西海，……有大鸟，卵如瓮。"又记安息国亦有大鸟卵，盖即驼鸟之卵也。然此文列于"和之美者"之下，则卵亦调味之物，高注以"卵大如瓮"者释之，疑未确。

《礼记·内则》："濡鱼，卵酱实蓼。"注："卵读为鲲，鲲，鱼子。"《正义》云："知卵读为鲲者，以鸟卵非为酱之物，……今卵酱承濡鱼之下，宜是鱼之般类，故读为鲲，鲲是鱼子也。"则此卵字亦当读为鲲。

饭之美者：玄山之禾；不周之粟；

【比义】

饭，食也。玄山，处则未闻。不周，山名，在西北方，昆仑之西北。

沈祖绵曰："案：高注'不周，山名'，见《山海经·西山经》。又《拾遗记》曰：'员峤多大鹊，高一丈，衔不周之粟，粟高三丈。'可证也。"

【器案】

《山海经·海内西经》："昆仑之墟，方八百里，高万仞，上有木禾，长五寻，大五围。"郭注："木禾，谷类也，生黑水之阿，可食，见《穆天子传》。"此文玄山疑即黑水之阿，亦即所谓玄圃也。

又案：《拾遗记》十："粟穗高三丈，粒皎如玉，……其粟食之，历月不饥，故《吕氏春秋》云：'粟之美者，有不周之粟焉。'"

阳山之穄；南海之秬。

【比义】

山南曰阳，昆仑之南，故曰阳山。南海，南方之海。穄，关西谓之𪎭，冀州谓之䵖。秬，黑黍也。

《元本》《李本》《许本》《张本》《宋邦乂本》《汪本》《朱本》注"南海"上衍"在"字。

《酉阳杂俎》前七"阳"作"杨"。

《说文》"𪏻"下引伊尹"秬"作"𪏻"。《广韵·十三祭》又《三十七号》《初学记》二七、《押韵释疑·十三祭》《通鉴释文》十一"阳山"作"山阳"。

《太平御览》八四二"穄"作"稄"，又八五〇"秬"作"稻"。

《押韵释疑·三十七号》《六书故》二十"秬"作"𪏻"。

《一切经音义》五九引注"𪎭"作"床"，"䵖"作"穄"。

毕沅曰："孙云：案《说文·禾部》𪏻字注，伊尹曰：'饭之美者，玄山之禾，南海之𪏻。'注'𪎭'旧讹'𪎭'，又'䵖'旧讹'坚'，今皆改正。"

程瑶田曰："据《说文》，禾属而粘者黍，则禾属而不粘者𪎭，对文异，散文则通称'黍'。《内则》：'饭黍稷稻粱白黍黄粱。'郑注：'黍，黄黍也。'黄黍者，𪎭也，稷也，饭用之。粘者，酿酒及为饵餈（cí）酏（yǐ）粥之属。不粘者，謼（hū）穈謼穄，而粘者乃专得黍名矣，今北方皆呼黍子、穈子、穄子、穄与稷双声，故俗误认为稷，其误自唐之苏恭始。"

水之美者：三危之露；

【比义】

三危，西极山名。

《艺文类聚》九八引句末有"其色若紫"四字。

《白帖》一作"水中之美，三危之露，五色瑞露也"。

许维遹曰："例以上文，'其色若碧'，'其色如玉'，此疑误脱。"

《汇校》曰："谨案：上文'其色若碧'，'其色如玉'，"与此文例正同，疑此有夺文。

昆仑之井；

【比义】

井泉。

沈祖绵曰："案：《海内西经》云：'海内昆仑之墟，在西北（中略），面有九井，以玉为槛。'《淮南子》云：'昆仑旁有九井，玉衡维其西北之隅。'"

沮江之丘，名曰摇水。

【比义】

沮，渐，如江旁之泉水。

许维遹曰："案《西山经》云：'槐江之山。'郝懿行云：'疑沮江即槐江。'又云：'摇水即瑶池。《史记·大宛传赞》云：《禹本纪》言昆仑上有醴泉瑶池。《穆天子传》云：西王母觞天子于瑶池，是也。'"

曰山之水；高泉之山，其上有涌泉焉；冀州之原。

【比义】

皆西方之山泉也。冀州在中央，水泉东流，经于冀州，故曰"之原"。原，本也。

严可均校"曰山"作"白山"。

毕沅曰："'曰山'，当是'白山'。'高泉'，《中山经》作'高前'。"

吴汝纶曰："'冀州之原'，属下，谓冀原之果，有沙棠也。"

【器案】

《楚辞·离骚》王注："《淮南》言'白水出昆仑之原，饮之不死'。"案即此白山之水也，毕说是。

《中山经》："高前之山，其上有水焉，甚寒而清，帝台之浆也，饮之者不心痛。"

郝氏《笺疏》引此文证之云："泉、前声同也。《太平寰宇记》云：'内乡县高前山，今名天池'，引此经云：'高前之山，在冀望山东五十里。'"

果之美者：沙棠之实；

【比义】

沙棠，木名也，昆仑山有之。

毕沅曰："见《西山经》。"

【珉案】

《山海经·西山经》："西南四百里曰昆仑之丘，是实惟帝之下都。……有木焉，其状如棠，华黄赤实，其味如李而无核，名曰沙棠，可以御水，食之使人不溺。"郭注："言体浮轻也沙棠为木，不可得沉。《吕氏春秋》曰：'果之美者，沙棠之实。'"

常山之北，投渊之上，有百果焉，群帝所食；

【比义】

有核曰果，无核曰蓏（luǒ）。群帝，众帝，先升遐者。

《齐民要术》三引注"核"作"实"，又十引注"遐"作"过"。

《草堂诗笺》二一引"投"作"救"，"百果"二字误并为一"界"字，"所"作"取"。

《太平御览》九六六"帝"误"鸟"。

【器案】

《山海经·大荒南经》:"大荒之中,有山名歹歹(xiǔ)塗(tú)之山,……群帝焉取药。"亦言群帝。

箕山之东,青鸟之所,有甘栌焉;

【比义】

箕山,许由所隐也,在颍川阳城之西。青鸟,昆仑山之东,二处皆有甘栌之果。

《山海经·海外北经》注"箕"作"其"。

《太平御览》九六四"东"误"栗"。

《元本》《李本》《许本》《张本》《姜本》《宋邦乂本》《刘本》《汪本》《凌本》《朱本》《李评本》《黄本》《太平御览》九六六、《玉海志考》七"鸟"作"岛"。

《说文》"栌"下、《玉篇·木部》"鸟"作"凫"。

《汉书·司马相如传》注、《事类赋》二七"鸟"作"马"。

《山海经·海外北经》注、《记纂渊海》九二"栌"作"柤"。

《事类赋》二七"栌"作"橘"。

《汉书·司马相如传》注"有甘栌焉"作"有卢橘夏熟"。

《类篇·木部》作"有栌橘焉夏熟"。

毕沅曰："《史记·司马相如传·索隐》引应劭曰：'《伊尹书》云：箕山之东，青鸟之所，有卢橘夏熟。'此或误记。《说文》'栌'字下引作'青凫'，师古《汉书注》讹作'青马'。《海外北经》注引作'有甘柤焉'，柤音柤梨（lí）之柤，又不同。"

梁履绳曰："栌本作樝（zhā），字相似而讹。"

洪颐煊曰："'栌'当作'樝'，因字形近而讹。《山海经·海外北经》郭璞注作'有甘柤焉'，柤音柤梨之柤。《淮南·地形训》：'昆仑华丘，爰有遗玉，青马视肉，杨桃甘樝。'字皆作'樝'。《史记·司马相如列传·索隐》引应劭曰：'《伊尹书》云："箕山之东，青鸟之所，有卢橘，夏熟。"'始讹作栌字。《说文》栌字下有伊尹曰：'果之美者，箕山之山，青凫之所，有栌橘焉，夏熟也，'二十二字，疑后人据应劭注羼（chàn）入，非许氏原文。"

朱亦栋曰："司马相如《上林赋》：'卢橘夏熟。'应劭注'《伊尹书》曰：箕山之东，青鸟之所，有卢橘夏熟。'晋灼注：'此虽赋上林，博引异方珍奇，不系于一也。'师古曰：'卢，黑色也。'案《吕氏春秋·本味篇》：'伊尹曰：箕山之东。青鸟之所，有甘栌焉。'应劭所引《伊尹篇》即此也。《杨升庵集》：'《上林赋》：卢橘夏熟。'近注《唐诗三体》者，指为枇杷，然予观《上林赋》，又有枇杷橪（rǎn）柿之文，不应重出也。偶阅《吴录》云："朱光录为建安郡，中庭有橘。冬月，树上覆裹之，至明年夏，色变青黑。味绝美，此即卢橘。卢，黑也。'此说近是。郭璞注："今蜀中有结客橙，似橘而非，若柚而芬香，冬夏华实相继，或如弹丸，或如拳，通岁食之。'即卢橘也。又《史记索隐》："案《广州记》云：卢橘皮厚，大小如甘，酢多，九月结实，正赤。明年二月，更青黑，夏熟。'是卢橘之说，亦不一矣，要其非枇杷，则无疑矣。"（《群书札记》二）

孙人和曰："'栌'为'樆'字之误，《太平御览》九百六十六引作'栌'，九百六十九引作'樆'，是宋人所见本尚有作'樆'者。"

【器案】

《山海经·大荒东经》："大荒之中，有綦（qí）山，……东北海外，又有三青马，……三青鸟，……甘华、甘柤，百谷所在。"

又《海外北经》："平丘在三桑东，爰有……青鸟……甘柤，甘华，百果所在。"

郭璞注甘柤云："其树枝干皆赤，黄华白叶，黑实。《吕氏春秋》曰：'其山之东，有甘柤焉。'音如柤黎之柤。""箕""其""綦"，同声通用，箕山即綦山也。

《太平御览》九六九引傅玄《瓜赋》："甘樆引于崑

山。"即此是也。高氏以"许由所隐"者说之，非是。

"青岛"必"青鸟"或"青马"之误，《说文》《玉篇》作"青鼍"，又"青岛"之误也。

"栌""櫨"形声俱近，故尔通用。

《吕览》借"栌"为"櫨"，许引以说"栌"字者，广异闻也，郭氏引作"柤"，亦"櫨"之借字。

《说文》云："櫨，果似梨而酢。"

《礼记·内则》注云："櫨，梨之不臧者。"

故伊尹特云"甘栌"，犹《山海经》之言"甘柤"也。

应劭不知"栌"为"櫨"之借字，引此以注《子虚赋》之"卢橘夏熟"，更附议原文，谬矣。

二徐因之以校《说文》，尤谬。

江浦之桔；云梦之柚；

【比义】

浦，滨也，橘所生也，生江北则为枳。云梦，楚泽，出柚。

【器案】

《周礼·冬官考工记》："橘踰淮而北为枳，……此地然也。"

《淮南·原道篇》："橘树之江北，化而为橙。"

汉上石耳。

【比义】

汉，水名，出于嶓冢，东注于江。石耳，菜名也。所以致之，致备味也。

《太平御览》九六六引作"汉上之蔶（juǎn）"，又引注"蔶，蔶且也，音卷"。

《天中记》五二作"汉上之蔶"，原校云："今本作'石耳'。"

吴汝纶曰："'所以致之'，属下为文，言致此备味，须美马也。"

【器案】

《太平御览》《天中记》作"蔶"，恐是后人以《诗·周南·卷耳》妄改之，非是异本。

《太平御览》注，亦出后人妄补，"且"，亦是"耳"字之误。

《盐铁论·散不足篇》有"耳菜"。

《本草纲目》卷二十八《菜部》："吴瑞白：'石耳，生天台、四明、河南、宣州、黄山、巴西、边徼诸山石崖上，远望如烟。'李时珍曰：'庐山亦多，状如地耳。山僧采曝馈送。洗去沙土，作茹，胜于木耳，佳品也。'"

案《山谷诗外集》十三《答永新宗令寄石耳》："寄我南山石上耳，筠笼浮动烟雨姿。"原注："永新与太和皆吉州属邑。"

所以致之，马之美者：青龙之匹、遗风之乘。

【比义】

匹，乘，皆马名。

《周礼》："七尺以上为龙。"行迅谓之遗风。

《初学记》二九注作"皆马名也，疾若此遗风也"。

《太平御览》八九六注作"皆马名，疾若遗风也气《事类赋》二一、《锦绣万花谷》后三九注作"育龙、遗风，皆马名也"。

李善注《三月三日曲水诗序》"青龙"上有"故须"二字。

又注《七启》注作"皆马名也，疾若比遗风"。

沈豫曰："注：'匹、乘，皆马名，盖误。青龙、遗风，言马之超骏。匹、乘是虚字，犹青龙之马，遗风之马耳。'"（《群书杂义》）

朱亦栋曰："王褒圣主得圣臣颂云：'追奔电，逐遗风。'注：'遗风，风之疾者也。'案《吕氏春秋·本味篇》：'马之美者，青龙之匹，遗风之乘。'注：'马行迅谓之遗风。'崔豹《古今注》：'秦始皇有七名马：追风、白兔、蹑景、犇（bēn）电、飞翮（hé）、铜爵、神凫。'则犇电、遗风，皆马名也。"（《群书杂记》二）

俞樾曰："此论果之美，而忽及马之美，殊为不伦，疑此当蒙上文'所以致之'为句，'马之美'三字，乃衍文也，当云'所以致之者，青龙之匹，避风之乘'，盖果之美者，皆不可以致远，时日稍久，则味变矣。故必有青龙之匹、遗风之乘，然后可以致之也。后人不得其义，疑此二句言马，与上文言果者不属，因加'马之美'三字，使自为一类，而不悟与本篇之旨，全不相涉，且上句'所以致之'四字亦无箸矣。"

《汇校》曰："高注：'匹乘皆马名。'沈豫《群书杂义》云云，是也。《初学记》二九引注'比'讹'此'。《初学记》《太平御览》《选注》引，皆与高注异，疑高注已为后人改窜矣。又案：此上有'所以致之，马之美者'二句，俞樾《平议》云云，其说甚是。《选注》作'故须青龙之匹、遗风之乘'，亦其证。"

彭铎曰："遗风即追风。《淮南子·说林训》：'以兔之走，使犬如马，则逮日归风。'《太平御览》九百七引'归风'作'追风'。'遗''归''追'并字异而义同。"

【器案】

"所以致之"句，俞、吴二氏，断在下句，甚是。今断句从之。

注"匹乘"二字，乃浅人妄加，《初学记》《太平御览》《事类赋》《锦绣万花谷》《七启》注引皆无"匹乘"

二字可证。

注引《周礼》者，今《夏官司马·廋人》作"马八尺以上为龙"，此作"七尺"，疑误。

《史记·匈奴传》："东方尽青駹（páng）。"駹、龙通。

《易·说卦传》："震为龙。"

《释文》引虞、干作"驪"，即其证。

非先为天子，不可得而具。　　　．

【比义】

《太平御览》八九六有注："具，备具也。"

《汇校》曰："疑今本夺注，当据补。《当务篇》：'备说非六王五伯。'高注亦云：'备，具也。'"

天子不可强为，必先知道。

【比义】

言当顺天命而受之，不可以强取也。道，谓仁义天下之道。

道者，止彼在己，

【比义】

彼，谓他人。

俞樾曰："'止彼在己'，意不可通，'止'疑'亡'字之误。'亡彼在己'，言不在彼而在己也。古书每以'亡'与'在'相对。《荀子·正论篇》曰：'然则斗与不斗，亡于辱之与不辱也，乃在于恶之与恶也。'《正名篇》曰：'故治乱在于心之所可，亡于情之所欲。'《尧曰篇》曰：'吾之所以得三士者，亡于十人与三十人中，乃在百人与千人之中。'《淮南·原道篇》曰：'圣亡乎治人而在于得道，乐（lè）亡于富贵而在于得和。'并其例也。《庄子·田子方篇》：'其在彼邪？亡乎我；在我邪？亡乎彼。'与此文'亡彼在己'文法正同，'亡'讹作'止'，因失其旨矣。"

刘咸炘曰："俞樾谓'止'当作'亡'，是也。此节乃本身一义之要，与《先己》篇末孔子言相似。"

己成而天子成，

【比义】

己成仁义之道，而成为天子。

《孟子》曰："得乎丘民为天子。"

案：引《孟子》者，《尽心》篇下文。

天子成则至味具。

【比义】

天下贡珍，故至味具。

马骕曰："先设珍异，而曲终奏雅。"（《绎史》十四）

故审近所以知远也，成己所以成人也；圣人之道要矣，岂越越多业哉？

【比义】

要，约也。越越，轻易之貌。业，事也。

圣人得仁义约要之道，以化天下，天下化之，岂必越越然轻易多得为民之事也。

王念孙曰："越越，犹搰（hú）搰也，《庄子·天地篇》云：'搰搰然用力甚多而见功寡。'"

【器案】

《说文·女部》："娀，轻也。"《广雅·释诂》同。

《说文·足部》："跋，轻足也。"则从戉之字，取轻易为义也。